码上学技术·绿色农业关键技术系列

设施蔬菜
高质高效生产100题

邹国元 等 编著

中国农业出版社
北 京

图书在版编目（CIP）数据

设施蔬菜高质高效生产100题/邹国元等编著．—北京：中国农业出版社，2021.11
（码上学技术．绿色农业关键技术系列）
ISBN 978-7-109-28596-5

Ⅰ.①设… Ⅱ.①邹… Ⅲ.①蔬菜园艺-设施农业-问题解答 Ⅳ.①S626-44

中国版本图书馆CIP数据核字（2021）第149486号

中国农业出版社出版
地址：北京市朝阳区麦子店街18号楼
邮编：100125
责任编辑：魏兆猛　　文字编辑：张田萌
版式设计：杜　然　　责任校对：吴丽婷　　责任印制：王　宏
印刷：中农印务有限公司
版次：2021年11月第1版
印次：2021年11月北京第1次印刷
发行：新华书店北京发行所
开本：880mm × 1230mm　1/32
印张：4.75
字数：135千字
定价：30.00元

《设施蔬菜高质高效生产100题》编辑委员会

主　　编　邹国元　孙焱鑫　邹　岚　左　强

副 主 编　李晓明　张宝海　雷喜红　胡　彬　孙钦平　曹玲玲

编写人员（按姓氏笔画排序）

王　丽　王秋霞　王娅亚　王锐竹　牛曼丽
左　强　田炜玮　田雅楠　付婷婷　冯　磊
朱登平　刘　琳　刘中华　齐长红　安福尚
孙　娜　孙钦平　孙焱鑫　杜连凤　李　冰
李　琳　李　蔚　李艳梅　李晓明　李海燕
杨　明　杨俊刚　邹　岚　邹国元　宋大平
张卫东　张宝海　张继宗　张鑫焱　陈建林
金艳杰　周长吉　周明源　庞敏晖　郑　禾
郎乾乾　赵　鹤　赵国玉　胡　彬　祝　宁
耿以工　奚展昭　曹玲玲　曹彩红　崔武子
韩向阳　谢　静　谢学文　雷喜红　路　河
廖上强

目 录

一、设施建设运行与装备配套 …… 1

1. 为什么有些园区喜欢建造阴阳型日光温室？ …… 1
2. 组装式日光温室是怎么实现轻简可组装的？ …… 2
3. 内保温日光温室适合在什么条件下建造和运行？ …… 3
4. 如何选择日光温室骨架结构？ …… 4
5. 增大日光温室前部空间有哪些方法？ …… 6
6. 日光温室活动后屋面有哪些优缺点？ …… 8
7. 日光温室后墙有哪些储放热方法？ …… 9
8. 日光温室土壤有哪些储放热方法？ …… 11
9. 如何解决日光温室顶部兜水问题？ …… 12
10. 保温拱棚有哪些使用技巧？ …… 13
11. 温室保温被有哪些种类？ …… 15
12. 为什么保温被是温室保温的痛点？ …… 17
13. 全防水保温被有哪些优势？ …… 19
14. 温室前底脚是冬季热量散失的关键部位，如何保温、增温？ …… 20
15. 温室通过二道幕进行增温、保温的效果如何？ …… 21
16. 设施补光加光有什么简易的好方法？ …… 22
17. 能自动控制的二氧化碳施肥机都有哪些？ …… 23
18. 温室如何实现自动开风口？ …… 26

19. 温室简易开风口怎么建造？ …… 27
20. 温室内为什么需要除湿？怎么除湿更有效？ …… 29
21. 用联合整地机整地有什么好处？ …… 30
22. 蔬菜线播机械为什么会受到菜农青睐？ …… 31
23. 育苗场如何选择穴盘育苗播种机？ …… 33
24. 挂果吊蔓绳能做到绿色、无污染吗？ …… 35
25. 设施内收获机械都有哪些？ …… 36

二、特色高效蔬菜品种选择 …… 38

26. 口感番茄都有哪些？ …… 38
27. 风味浓的水果黄瓜有哪些品种？ …… 41
28. 鲜食甜椒有什么特点？ …… 42
29. 卫青萝卜和沙窝萝卜是一回事吗？ …… 43
30. 红心脆梨萝卜是什么品种？ …… 45
31. 北京传统老品种心里美萝卜有什么特点？ …… 45
32. 纤指1号水果型指形胡萝卜有什么特点？ …… 47
33. 紫红色水果型胡萝卜普兰克有什么特点？ …… 48
34. 北京传统品种鞭杆红胡萝卜有什么特点？ …… 49
35. 水果苤蓝有什么特点？有哪些品种？ …… 49
36. 水果甘蓝有什么特点？ …… 51
37. 牛心甘蓝品种茶玛有什么特点？ …… 52
38. 日本绍菜类白菜墨玉青品质真的好吗？ …… 53
39. 日本绍菜类白菜京箭70有什么特点？ …… 54
40. 羽衣甘蓝的特点和高效性体现在哪里？ …… 54
41. 穿心莲是什么蔬菜？ …… 55
42. 紫背天葵可以多次收获，北方怎么种？ …… 56
43. 彩色花椰菜都有哪些颜色和品种？ …… 57
44. 紫白菜是什么白菜品种？ …… 59

三、轻简高效栽培技术应用 …………………………………… 61
45. 东西向栽培是日光温室轻简化栽培的发展方向？ ………… 61
46. 叶菜类蔬菜在温室东西向栽培有什么好处？ ……………… 62
47. 果类蔬菜能在日光温室进行东西向栽培吗？ ……………… 63
48. 日光温室蔬菜间套作栽培效果怎么样？ …………………… 65
49. 设施草莓与什么作物可实现套种栽培？ …………………… 66
50. 哪些蔬菜可以进行软化栽培？ ……………………………… 68
51. 芹菜双株栽培的优势是什么？ ……………………………… 69
52. 水旱轮作栽培真的能减少连作障碍吗？ …………………… 70
53. 叶菜类蔬菜线播技术有啥特点？ …………………………… 71
54. 胡萝卜线播比传统种植播种有什么优势？ ………………… 72
55. 果类蔬菜简易基质栽培如何进行？ ………………………… 74
56. 设施草莓的简易基质栽培如何进行？ ……………………… 75
57. 草莓半基质栽培如何操作？ ………………………………… 76
58. 设施采摘式栽培模式需要注意什么？ ……………………… 78
59. 设施观光式栽培都有哪些类型？ …………………………… 80
60. 设施内如何实现参与式栽培？ ……………………………… 81
61. 设施番茄采用熊蜂授粉的优势是什么？ …………………… 82
62. 温室种植填闲作物有什么好处？ …………………………… 84
63. 怎样利用穴盘进行速生蔬菜栽培？ ………………………… 86
64. 口感番茄与普通番茄有什么区别？怎么种出来的？ ……… 88
65. 好吃的鲜食黄瓜有什么特点？主要栽培技术要点有哪些？ 90
66. 水果甜椒有哪些好品种？栽培要点有哪些？ ……………… 92
67. 鲜食玉米是粮食还是蔬菜？与普通玉米栽培上有哪些区别？ …………………………………………………………… 95
68. 深休眠韭菜风味好，越冬栽培管理有哪些要点？ ………… 97
69. 老北京五色韭菜形色好味道浓，栽培中应该注意哪些问题？ …………………………………………………………… 99

四、土肥植保配套管理与灾害防治 …… 101

70. 土壤酸碱性如何调整？ …… 101
71. 生物炭与木炭、草木灰有何不同？在土壤培肥改良上有什么作用？ …… 102
72. 如何做到只给作物浇水施肥？ …… 104
73. 有融三种氮素形态于一体的液体肥吗？ …… 105
74. 有没有融速效与长效于一体的液体磷肥？ …… 106
75. 沼液可以用于滴灌吗？ …… 107
76. 生物刺激素是激素吗？有什么作用？可在水肥一体化中用吗？ …… 108
77. 有成本低且简单易行的滴灌系统吗？ …… 110
78. 微喷灌有哪些优缺点？ …… 111
79. 常见施肥设备的选择依据是什么？ …… 113
80. 滴灌系统设计施工中常见的问题有哪些？ …… 115
81. 尾菜连片产生区域如何实施规模化堆肥？ …… 116
82. 小农户如何进行尾菜的田间简易农家堆肥？ …… 117
83. 空棚消毒有哪些注意事项？ …… 118
84. 可用于土壤熏蒸消毒的熏蒸剂有哪些？ …… 119
85. 如何将熏蒸剂施用到土壤中？ …… 120
86. 土壤熏蒸消毒的关键点是什么？ …… 121
87. 土壤生物熏蒸消毒的技术要点是什么？ …… 122
88. 如何利用太阳能给土壤消毒？ …… 123
89. 粘虫色板怎么用才正确？ …… 124
90. 常温烟雾施药技术有什么优势？怎么用效果好？ …… 125
91. 什么是弥粉法施药技术？如何实施？ …… 127
92. 怎样利用昆虫病原线虫防治地下害虫？ …… 129
93. 设施利用吸引和趋避生物有什么好处？要注意哪些问题？ …… 130

94. 设施蔬菜生产怎样预防风灾？ ………………………………… 132
95. 如何防止低温寡照天气对大棚蔬菜造成危害？ ……………… 133
96. 什么方法可以减少暴雨造成的蔬菜生产损失？ ……………… 134
97. 冰雹来袭应如何防灾减损？ ………………………………… 137
98. 暴雪天气对设施蔬菜生产有哪些危害？是否可以避免？ ……… 138
99. 设施蔬菜生产如何预防火灾的发生？ ……………………… 140
100. 通过蔬菜保险转移自然灾害风险是否必要？ ……………… 141

一、设施建设运行与装备配套

1. 为什么有些园区喜欢建造阴阳型日光温室？

阴阳型日光温室是在传统日光温室北侧，借用（或共用）后墙体，增加一个采光面朝北的一面坡温室，共同组成的一种温室。采光面向南的为阳棚，采光面向北的为阴棚。

阴阳型日光温室的阴棚充分利用了传统日光温室建设中为了保证后排温室采光必需留出的空地，有效地提高了土壤利用效率。阴棚的建设使得温室后墙不再直接面对外界环境，避免风雪侵害，减少了热量散失，有利于提高阳棚温度，实测结果表明，阳棚温度可提高3～5℃。因此，在温度要求一致的前提下，可以减小后墙的厚度，降低温室建设的成本。

温室阴棚的保温性与采光性都差一些，不适宜种植光温要求较高的果类蔬菜，应因地制宜进行利用（图1-1、图1-2），可以种植耐

图1-1　阴棚种植食用菌

图1-2　利用阴棚繁育草莓苗

阴类作物，如叶菜类蔬菜；尤其适合食用菌的生产，也可小规模养殖鸡、兔、羊等畜禽，种养结合还可为阳棚补充二氧化碳，实现阴阳互补。笔者曾经利用温室阴棚在夏季繁育草莓种苗。

2. 组装式日光温室是怎么实现轻简可组装的？

组装式日光温室就是除了基础之外，施工现场不需要任何土建工程，而完全依靠工厂化生产构件进行组装建设的温室。

日光温室实现轻简可组装的途径首先是要有取消传统日光温室土建后墙、山墙和后屋面的方法；其次是要有替代传统土建后墙储放热的技术。

用钢管或格构立柱来替代墙体承重，并将后墙立柱与屋面拱架实现一体化组装，即可在实现承重结构轻简组装的基础上解决土建后墙承重的问题（图1-3）；用保温隔热材料围护温室墙面也能解决土建墙体围护的问题，其中保温隔热材料可以是硬质保温板，也可以是柔性保温被（图1-4）。而土建墙体储放热的功能则采用主动储放技

图1-3 用钢管和格构立柱替代承重后墙

a.单管立柱与单管屋面梁结合 b. 格构立柱与桁架屋面拱架结合

图1-4 用保温隔热材料替代土建墙体

a.硬质保温板围护墙体 b.柔性保温被围护后墙

术和设备来解决。目前，主动储热的方法主要有水体储热、土壤储热两种方式（参见日光温室的储放热方法）。

3. 内保温日光温室适合在什么条件下建造和运行？

传统的日光温室都采用保温被外置的方式保温，即保温被覆盖在温室塑料薄膜的外表面，称为外保温。与此相对，将保温被放置在温室内的保温方式称为内保温。

将保温被内置后，对保温被的要求大大降低，只要保证足够的保温性能，即能满足温室的保温要求。但内保温需要在室内增设一道支撑骨架，山墙两侧还要增设两堵室内山墙，不仅增加了建设成本，而且增大了室内光照的阴影，温室的有效种植面积和种植空间也相应减小，因此，常规的日光温室建造大都还沿用传统的外保温方式。

那么，内保温日光温室适合在什么条件下建设和运行呢？

首先，温室内保温的形式，从内保温的材料看主要有两种类型：一种是透光塑料薄膜（图1-5）；另一种是柔性保温被（图1-6）。前者不仅可以用于夜间的保温，而且还可以用于白天的保温，而后者则主要用于夜间保温。

图1-5 全天候保温的透光膜内保温

图1-6 柔性保温被内保温

对于仅用于夜间保温的保温被保温形式，其适用的条件：一是温室建设地区室外风速较大而且多发，如经常出现7级以上大风，为防止大风将室外保温被吹掀可以将保温被内置；二是温室建设地区雨雪频发，为了避免雨雪将保温被打湿而使其失去保温性能，一般应将保温被内置；三是温室运行期间室外温度很低，如经常在-20℃以下，室外保温被夜间结冰（尤其在温室前沿部位），致使早上不能按时打开保温被而影响温室采光时，宜采用内置保温被方式。当然，在长期低温地区采用内外双层保温被保温也是提高温室保温性能的一种有效手段。

对于可全天候保温而又对室内作物采光影响不大的透光材料内保温形式，其适用的条件可大大放宽。一是在室外温度较高的地区，室内保温膜可替代保温被，使保温膜与温室围护覆盖塑料薄膜之间形成二层保温结构，从而可大大节省建设投资；二是在温度较低但太阳辐射强度相对较高的地区，为减少温室白天的散热量，可安装高透光内保温膜，进行温室全天候保温，也可与室内或室外保温被结合使用，进一步增强温室的保温性能。对于仅用于夜间保温的内保温膜，其也可采用保温性能更高的非透光保温幕材料。

4. 如何选择日光温室骨架结构？

日光温室的骨架形式有多种。从建筑材料分有竹木材料、钢筋混凝土材料和钢材，其中钢材又有钢筋、圆钢管、椭圆管、C型钢等；从骨架的截面形式看有单截面骨架和组装桁架骨架两种形式；从结构的承力体系分有梁柱结构、墙梁结构、琴弦结构以及整体组装结构等。

选择什么形式的骨架结构，是温室设计和建设中首要解决的问题。一般应从以下几个方面考虑。

一是看骨架的材料。如果骨架用承载能力较弱的竹木材料，温室结构可选择悬梁吊柱结构，屋面拱杆用竹木材料，拱杆下布置沿温室长度方向的钢丝，并在钢丝与拱杆之间用短柱连接，室内立柱采用钢筋混凝土立柱（图1-7），我国早期的日光温室主要采用这种结构形式。后来的改进中将承载力较强的钢管或钢管钢筋桁架加入，取代部分竹木拱杆（一般相邻桁架中布置3～5根竹木拱杆），室内立柱也从多排立柱向单立柱，直至无立柱方向发展，典型的结构是山东寿光五代温室——机打土墙结构日光温室（图1-8）。如果温室骨架采用钢筋混凝土材料，温室的跨度则不宜超过8米，室内可不设立柱。如果材料是钢筋或圆管，温室骨架可采用焊接桁架或组装桁架（图1-9）。如果材料是截面较大的圆管、椭圆管或C型钢，温室骨架可采用单管结构（图1-10）。

图1-7　悬梁吊柱结构日光温室

图1-8　琴弦结构日光温室

a

b

图1-9　两种桁架结构日光温室

a.焊接桁架　b.组装桁架

a

b

c

图1-10　三种单管结构日光温室

a.圆管结构　b.椭圆管结构　c.外卷边C形钢结构

二是看温室的后墙是否为承重墙。如果温室后墙是可承重的砖墙、石墙或土墙，则温室骨架可直接坐落在后墙顶面，形成墙梁承重结构；如果温室后墙为保温板或保温被等非承重围护材料，温室屋面梁在后墙上的承重则需要设立后墙立柱和柱顶梁，从而形成组装式梁柱结构。

三是看温室的跨度和当地的风雪荷载。如果温室跨度大，而建设地区的风雪荷载又较大，则温室骨架优先选择桁架结构。如果建设地区就近有热浸镀锌厂，可选择采用钢管/钢筋焊接的整体镀锌桁架；如果没有镀锌条件，可选择用镀锌钢管或镀锌钢带辊压成型的C型钢组装的桁架结构。如果温室的跨度不超过9米，温室建设地区的风荷载不超过0.55千牛/米^{2}或雪荷载不超过0.5千牛/米^2，则温室的骨架可选择采用单管形式的椭圆管或外卷边C型钢。

经过30多年的研究和发展，我国日光温室的骨架结构从早期的琴弦结构逐步发展出了桁架结构，当前更是发展出组装式单管结构，使日光温室的骨架结构向无立柱、轻简化、组装式方向发展。

5. 增大日光温室前部空间有哪些方法?

日光温室前屋面为弧形结构，在靠近前部基础部位由于骨架高度低，一是不便于机械作业，二是不能种植高秧作物，三是人工操作也不方便（图1-11）。

为了能充分利用温室前部空间，在工程设计中，根据NY/T 3223—2018《日光温室设计规范》要求：一是前屋面底脚部位的坡度不宜小于60°；二是距离前屋面墙体（或基础顶）内表面0.5米处前屋面的净空高度，即最低作业高度不宜低于1.0米。

除了设计规范的上述要求外，在生产实践中还研究推广了以下三种方法：

第一种方法是将温室室内地面整体下沉，形成半地下式温室建筑（图1-12），这是机打土墙结构日光温室常用的形式。温室后墙建造用土直接从温室地面就近挖取，自然形成了半地下式温室建筑。这种结构根据温室建设后墙和山墙墙体厚度和高度的要求不同，温室地面下挖的深度可到0.5～1.5米。为了保证温室良好的通风和排湿以及前部空间的采光，一般要求地面下挖深度不宜超过1.0米。

第二种方法是将传统的日光温室靠后墙的作业走道前移至温室南侧，并将作业走道局部下沉（图1-13），形成下沉走道温室建筑。这种建筑形式一是避免了温室前部空间的局部低温边际效应；二是

图1-11　日光温室前部空间低矮造成前部种植区闲置

图1-12　半地下式日光温室

保证了作物种植面处于与室外相同标高的水平面上，不影响作物采光；三是室内种植面的空间高度基本都能满足高秧作物栽培；四是农机作业也基本不受空间的影响。这种建筑形式的主要缺点是由于作业走道下沉，与种植地面形成一定高差，南北垄种植时生产作业和运输需要经常上下运动。

图1-13　日光温室走道南移并局部下沉

第三种方法是将前屋面弧形改为直立面形式（图1-14）。这种改进完全克服了弧形屋面造成温室前部空间低矮的问题，可如同连栋温室和带肩塑料大棚一样进行作业和生产。但这种改变带来的是温室屋脊的进一步提升和温室造价的相应提升。

a

b

图1-14　直立南立面日光温室内景与外景

a.内景　b.外景

6. 日光温室活动后屋面有哪些优缺点？

传统的日光温室后屋面都是永久固定的。这种日光温室后屋面自身建设成本高，后屋面自重对温室骨架传递的荷载也大。

为了解决固定后屋面上述缺点，新的日光温室改进提出了活动后屋面建筑形式，即温室的后屋面和前屋面一样，夜间覆盖保温被保温，白天打开保温被采光（图1-15）。

打开后屋面后，大量散射光可以照射进来，对提高温室后墙侧作物的光照强度和温室内光照的均匀性都具有非常积极的作用。

除了增加室内光照外，在温室后屋面设置通风口（图1-16），可以与温室前屋面的通风口形成沿温室跨度方向的穿堂风，对提高温室的通风降温能力也具有非常积极的作用。

图1-15　打开后屋面的日光温室内景

图1-16　温室后屋面设置通风窗

活动后屋面可采用与前屋面保温被相同的材料覆盖，两者用一幅整体保温被分别从前后屋面两端卷放，从而可保证温室整个覆盖面的密封（图1-17），也相应解决了温室屋面防水的问题。

后屋面采用了活动保温被覆盖，使温室后屋面的自重大大减轻，从而也减轻了对温室承力骨架的荷载。冬季如果单层保温被的保温性不够，可在温室后屋面再局部附加一层保温被。

图1-17　温室前后屋面采用一幅整体保温被

这种温室的不足之处是遇到雨雪天气时如果不能及时展开保温被，将会在前后被卷之间形成积水（在仅有前屋面保温被时也同样存在被卷挡水的问题），特别是防水性能较差的保温被可能被打湿，从而使其失去保温性能，也同时增加自身重量；对防水性能良好的保温被可能会在保温被卷一侧形成积水，而增加温室结构的局部雨雪荷载。因此，对这种形式温室的管理要求更精细，如能实现雨雪天气的自动揭放，将能完全克服这一问题。

7. 日光温室后墙有哪些储放热方法？

日光温室后墙的储放热方法，与墙体材料和保温密封性能密切相关。

传统日光温室的墙体均采用无机建筑材料，如夯土、型砖、加气混凝土等；组装式日光温室和保温大棚的墙体则采用钢结构+有机保温材料的方式，主要有挤塑板、橡塑海绵、喷胶棉等。

（1）被动储热被动放热。这种储放热方法一般出现在使用无机建筑材料建造的后墙，夯土及各种型砖在白天经过光照，墙体表面产生热量，一方面向室内空气散热提升室内气温，另一方面向墙体内部进行横向传导，提升墙体自身温度，实现被动储热。

此种墙体有效储热厚度大约为20厘米，且放热过程完全不可控，一般到2：00时后，自身储存热量已散发完毕，无法在温室低气温时段发挥作用；外保温条件差的温室，还会出现墙体从温室内部吸热、向外散热的现象，进一步降低了温室内的空气温度。

下列方法可以适当提高被动储放热的效率：

①可以在墙面贴覆黑色薄膜或涂刷深色颜料（图1-18），提高墙面吸热能力。

②做好墙体外保温，避免热量向外流失（图1-19）。

③在设计建造温室时，尽量改善高跨比，减少光线折射。

④注意棚膜的透光率，及时清洗或更换棚膜，尽量提高光照强度。

（2）主动储热被动放热。西北农林科技大学科研团队，研发出可主动储热的墙体，建造时在墙体内部形成直通的空腔，通过风机将温室内热空气导入墙体内部，增加墙体储热效率和体积，实现多储热的目的。

图1-18　北墙内部表面抹灰压光

图1-19　为老旧砖混日光温室做外保温

(3) 主动储热主动放热。此种全主动储放热方法，一般出现在组装式日光温室。组装式日光温室由于墙体只有保温功能而无储热功能，需要采用专门的储放热装备，一般以水为介质，由温控器、吸放热装置、保温储热池或罐、循环泵等部件组成，由电力驱动，因此实现了储放热过程的全部主动化、可控化。

吸放热装置：真空集热管+暖气片、板式太阳能+暖气片、集散热水袋等；储热装置：多为具有外保温层的储热罐、池。真空集热管和板式太阳能由于都需要放置在室外，需要注意夜间防冻问题，同时由于必须放置在不被遮光的地方，对园区的空间布置提出更高的要求；集散热水袋由于放置在温室内，一般悬挂在墙体上，无须额外的空间，且不担心夜间结冰的问题（图1-20）。

图1-20　以水为介质的主动储放热装置

主动式储放热装置在运行期间会耗费一些电力，不过换热效率更高，可在温室气温低于设定值时再启动，实现精准放热。

8. 日光温室土壤有哪些储放热方法？

日光温室土壤储放热，顾名思义就是用温室内的耕种区土壤作为储热体，进行储放热。土壤储放热属于主动储热、被动放热。

与日光温室后墙储放热相比，土壤储放热具有以下优势：

储热体积大：以长度50米、跨度9米的日光温室为例，墙体储热的有效体积约为长 × 高 × 厚=50 × 2.5 × 0.2=25 米^3；而土壤储热的有效体积约为长 × 宽 × 深=50 × 8 × 0.3=120 米^3。

储热效率高：利用温室顶部热空气聚集的特点，通过风机将热风强制导入种植区土壤下方，通过管道进行热量交换。种植区土壤含水量高，且热量是自下而上传导，因而具有传导效率高、比热容大的优势。经测量，0 ~ 30 厘米土壤层温度可达到 17 ~ 22℃。

散热更均匀：热量从种植区土壤表面均匀散发，直接对作物生长区间的空气加热。

促进根系发育：储存热量的土壤层正好也是作物根系分布的区域，储存热量的同时也提升了作物根系土壤温度，有助于促进根系发育，提高水肥利用效率，降低沤根的发生。

注意事项：土壤储放热系统均为企业自主研发，具有专利保护，切勿自行模仿。

北京地区部分公司构建了东西向土壤升温储热装置，由进风口、出风口、自动/手动控制器组成，可使用大棚王拖拉机旋耕构建；南北向土壤升温装置，进风口放置在北墙一侧，出风口位于温室南端（图1-21、图1-22、图1-23）。

图1-21　进风口

图1-22　出风口

图1-23　南北向土壤升温装置

9. 如何解决日光温室顶部兜水问题？

下雨、屋面积雪融化以及塑料薄膜表面冷凝冰霜融化等都会在日光温室屋面形成水流。在温室的屋脊部位，由于设计排水坡度不足，再加上屋脊窗上下沿口设置支撑杆又往往阻碍屋面排水，在日光温室运行中经常看到屋脊部位积水并形成水兜的情况（图1-24）。发生这种情况，一是由于塑料薄膜的变形已经远远超过了其弹性变形的范畴，使其难以恢复到原始状态，事实上已经处于老化状态；二是大量的水兜给温室的结构增加很大负载，给温室的结构造成很大的隐患，生产中由此造成温室倒塌的案例也时有发生。

图1-24　日光温室顶部水兜

为防范屋面水兜的形成，可在管理、设计和设备配置三个方面综合配套。

在管理上，一是要经常检查塑料薄膜的绷紧度，保证塑料薄膜不出现松弛；二是当发现有水兜形成时应及时从室内将水兜顶起，排除水兜中积水并将塑料薄膜绷紧；三是用针将水兜扎破，排除水兜中积水，并及时粘补针眼并绷紧塑料薄膜。

在设计上，应按照NY/T 3223—2018《日光温室设计规范》的要求，保证屋脊部位的坡度不小于8°。

在设备配置上，一是在屋脊通风口设置支撑网（图1-25），可以是钢板网、钢筋网、塑料网或者高强度防虫网；二是在相邻两榀温室骨架之间增设支撑短杆（图1-26），可以是竹竿、塑料管或镀锌钢管；三是在屋脊通风口部位沿温室长度方向加密钢丝。通过以上措施可增大塑料薄膜支撑密度，从而减小直至完全消除屋面水兜。

a　　b　　c

图1-25　屋脊通风口设置支撑网

a.钢丝网　b.塑料网　c.高强度防虫网

a　　b　　c

图1-26　骨架之间增设支撑短杆

a.竹竿　b.塑料管　c.镀锌钢管

10. 保温拱棚有哪些使用技巧？

保温拱棚，也叫越冬拱棚，外形与普通塑料大棚接近，有南北向和东西向两种走向。

为发挥保温拱棚内部空间大和机械化操作的优势，两侧肩高应不低于1.80米，这样也改善了冬季的迎光角度；另外，保温拱棚的骨架不同于普通冷棚，因为要承受保温被卷放时带来的压力及雨雪载荷。

（1）东西向保温拱棚。

①冬季。通过加厚保温被和二层膜，提高北侧的保温密封性能。入冬之前，可对北侧进行加厚保温覆盖，在保温被和棚膜之间铺放其他柔性保温材料，如晒干的旧保温被，对底边及两侧山墙进行固定密封处理；还可以在骨架内侧安装二层膜，由于北侧无透光度要求，可将废弃的棚膜拼接安装（图1-27）。如果采用保温性能好的保温被，北京地区冬季的最低室温可保持在5℃（图1-28）。

图1-27 冬季北侧保温被封闭，南侧保温被全开

图1-28 东西向保温拱棚外景（砖混式山墙）

②初春或深秋。拆除北侧加厚保温层及内部二层膜，根据气温变化，调节北侧保温被的卷放位置（图1-29）。

③夏季。由于夏季日照时间长，中午暴晒时可将两侧保温被放至下风口处，进行遮光隔热，如温室内匹配顶部喷雾系统，则降温效果更为明显（图1-30）。

（2）南北向保温拱棚。上午卷起东侧保温被，西侧保温被处于覆盖状态；下午卷起西侧保温被，东侧保温被处于覆盖状态。

由于东西两侧每天均需卷放，无法进行加厚保温和二层膜；另外，由于采用南北走向，中午阳光利用率大打折扣；如果高跨比过小，温室内还会出现巨大阴影带及低温区等情况（图1-31）。

因此，南北向保温拱棚一般用于反季节果树种植。

图1-29　两侧保温被处于全开状态

图1-30　夏季南侧保温被封闭，北侧保温被全开

图1-31　南北向大跨度保温拱棚，存在很大的阴冷区，拉低了室温

11. 温室保温被有哪些种类？

目前的保温被一般以机织物为主要原料，以缝纫机为加工机械，缝制成幅宽3米左右的单片，两侧附带子母扣，供现场连接使用。

保护面层：保温被的上下两面表皮，起到保护作用，主要材料多为无纺布、牛津布、热淋膜等材质。

保温芯材：夹在保护面层中间，起到保温作用，主要材料有垃圾棉、毛毡、聚乙烯高发泡体（PEF）等。

（1）最原始的保温被——草帘子。草帘子是一种常见而廉价的保温材料，利用秸秆内部自然生成的封闭空腔达到保温的作用（图1-32）。

草帘子的缺点也很突出：整体沉重，需要匹配很大的卷帘机；表面粗糙有纹理和缝隙，难以除雪；雨水会直接渗入；卷放一段时间后，由于挤压、卷裹，造成秸秆被挤瘪，失去保温作用；遇火易燃且难以扑灭。

图1-32　最为原始的保温被——草帘子

有的农户为了提高草帘子的防雨防雪功能，使用旧棚膜进行整体覆盖，同时也提高了整体密封性能。但是在风大的地区，最好在棚面多加防风绳，避免棚膜被吹坏。

（2）黑心棉与无纺布。草帘子之后出现的保温被，主要是黑心棉+无纺布类型。

黑心棉，又称垃圾棉，即再生纤维针刺毡，质量参差不齐，不同的原料在纤维强度、耐水性、耐久性等方面存在较大差异，是目前日光温室保温被的主要材料（图1-33）。

图1-33　黑心棉与无纺布

主要缺陷：易吸水吸潮，容易沤烂，使用一段时间后被卷帘机拉长变薄，保温性能逐年下降，下降幅度约为40%。

（3）黑心棉与热淋膜。由于黑心棉+无纺布的保温被极易吸潮吸水，于是以热淋膜做面层（双面或单面）的保温被出现了（图1-34）。这种保温被的外面或内外双面为热淋膜（废旧塑料融化与毛毡相结合），内部为黑心棉、毛毡，缝纫机锁边。

主要缺陷：看似表面不再吸水，但由于采用机织缝合工艺，大量针眼依然吸水，且吸入后无法通过晾晒风干去除水分，导致自重增大几倍甚至几十倍；热淋膜通常采用再生塑料，不具备抗老化性能，使用3年左右，表面会逐渐开裂、破损。

（4）聚乙烯微孔泡沫保温被。保温芯材采用聚乙烯微孔泡沫塑料，保护面层采用无纺布。

主要缺陷：保温芯材不吸水，但吸收一定的水汽；压缩回弹率较差，使用三四年后明显变薄。

（5）热淋膜+蓬松棉+黑心棉+毛毡。这种保温被由多种材质叠拼而成，有的产品在表皮内侧添加了喷胶棉、无胶棉、太空棉，保温性能由厚度和干燥程度决定（图1-35）。

（6）编织膜+蓬松棉（喷胶棉）。保护面层采用防水编织膜，保温芯材采用喷胶棉/无胶棉/太空棉（500～700克/米²）。

喷胶棉、无胶棉、太空棉为化学纤维材料，自身不吸水、不腐烂，某些产品具有阻燃性能；它们具有多孔性、高压缩回弹性和蓬松性。

防水编织膜具有防水作用，但针眼吸水。

图1-34　黑心棉与热淋膜

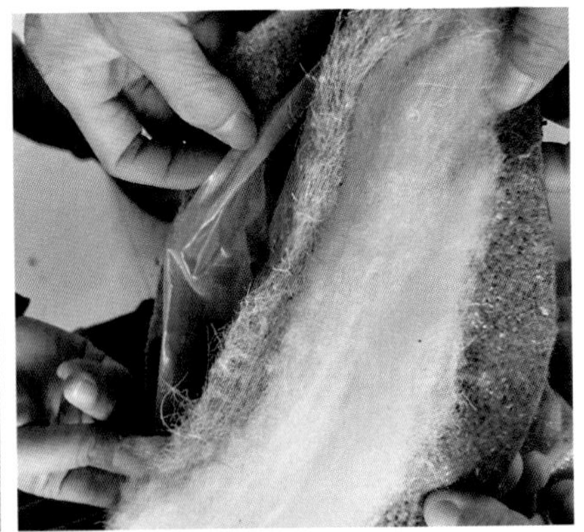

图1-35　多层复合保温被

12. 为什么保温被是温室保温的痛点？

保温被作为温室四大保温部位之一，是整栋温室的保温重点和难点。

首先，保温被的覆盖保温位置处于温室的正上方，是热量直接流失的部位；其次，保温被的覆盖保温面积最大，超过围护墙体和后屋面的面积之和；再次，保温被受到的破坏最多，如阳光照射、雨雪雾、刮风、卷曲拉拽等；最后，保温被的选材和制造难度最大，既要保温，又要卷曲。

长期以来，受保温材料、制造工艺以及错误的成本控制理念等诸多因素的影响，使得保温被成为温室种植管理方面最大的痛点。主要表现为：

①易吸水吸潮。吸水吸潮是保温材料性能衰减甚至失去保温功能的首要原因。絮状纤维中的缝隙一旦吸入水汽，不但会失去保温作用，而且会形成坚硬的冰块，导致保温被的损坏，甚至无法卷放。

保温被吸水吸潮还给园区的日常管理增加了难度。夏季降雨会造成保温被吸水变重，加上骨架锈蚀存在的支撑力下降因素，会导致温室坍塌（图1-36）。冬季降雪会导致保温被表面结冰、积雪，因此很多园区会在降雪时将保温被卷放到顶部，让雪直接降落到棚膜上。但是这样会导致温室内气温急剧下降，对作物造成冻害甚至绝收；同时，积雪阻挡了阳光进入温室，早晨温室升温困难，进而影响积雪融化（图1-37）。

吸水吸潮还会影响保温被的使用寿命。

图1-36　夏季降雨后保温被吸水变沉，压塌温室

图1-37　积雪融化后浸透保温被，将骨架压变形

②保温性能变化大。结合保温被的工作情况，挤压和拉伸会对保温材料的性能产生破坏，导致静态环境下测试得出的导热系数变大，整体热阻值变小。这也是常见保温被保温性能逐年下降的原因之一。

③整体寿命短。影响保温被寿命的主要原因有：阳光照射（紫

外线）造成的保护面层老化；吸水吸潮导致的腐烂。

以纺织品为原料的保温被，一般寿命不超过5年；以聚乙烯高发泡体为原料的保温被，寿命约为7年，但由于压缩回弹率差，会逐渐变薄。

④防火性能差。日光温室周围易于生长杂草和堆放物品，火源的管理也较为困难，加之地势开阔位置偏远，增加了灭火难度。

⑤卷放不整齐。使用一段时间后，保温被整体呈波浪形曲面，导致上风口开放不整齐影响通风效果，保温被滑落到后屋面，影响采光等。

13. 全防水保温被有哪些优势？

全防水保温被降雨导流

全防水保温被滑雪融雪

采用密闭的空气进行保温隔热，是多数保温材料的原理。纺织品蓬松的纤维、暖瓶内外胆、窗户玻璃的内外夹层都是在内部形成封闭或相对封闭的空腔，从而达到保温的目的。

全防水保温被的防水功能主要有以下几方面：

①保护面层。采用抗老化聚乙烯（PE）材质作基层的多层结构，表面带有红外线反射膜，而非普通的热淋膜。

②保温芯材。采用柔性的建筑保温材料——橡塑海绵，自身带有封闭的微孔，具有良好的保温性能，由于采用闭孔发泡工艺，在经受挤压等情况下，仍然不会吸水。

保温芯材采用不吸水材料，因此不会吸潮、吸水，使得保温性能不会因雨雪雾等因素而降低。

③复合方式。保护面层与保温芯材之间采用粘贴方式，而不是缝合工艺。

④整体拼接。在现场安装时，要对每片保温被的表面进行整体热合黏接，形成一个牢固的密封的整体。

由于实现了材料全防水、整体全封闭，在遇到雨雪天气时，可采取与普通保温被相反的管理方法：

①降雨。将保温被放至下风口处，可对降雨进行导流，让棚面雨水通过棚前排水沟和卷杆两侧直接流进主排水沟，实现膜面集雨功能；同时，还可以避免在上段膜形成水兜，保护上段膜及骨架(图1-38)。

②降雪。将保温被放至底部，让雪落在棚面上，降雪结束后，如保温被表面尚有残留积雪，可推迟2小时卷被，将卷杆处积雪清扫一下，即可卷起（图1-39、图1-40）。

③后屋面保温性能差、存在漏水现象的温室。可定做延长保温被，直接覆盖到后墙顶部，起到整体密封、保温的效果。

④夏季中午暴晒时段。可将全防水保温被放至下风口或底部，进行保温隔热，如温室内安装顶部喷雾/喷淋系统，降温效果更好。

图1-38 雨水汇集在底部，从两侧流出

图1-39 雪后光照条件较好时的自融雪情况

图1-40 积雪厚度超过10厘米且持续降雪情况下的自滑雪情况

14. 温室前底脚是冬季热量散失的关键部位，如何保温、增温？

温室前底脚是温室前屋面与地面的结合部，该处保温被与地面易形成缝隙，保温措施差，易形成热桥，造成温室内热量的流失。地面以下热量可通过土壤向外部传导，易形成温室南侧地面的低温带，直接影响这一部分作物的生长。试验表明，冬季温室最南侧部位结球生菜的产量较最佳生长区域可降低50%左右。因此，加强日光温室前底脚处的保温措施十分必要。

温室前底脚保温措施主要有两条：

①温室前底脚建设防寒沟。沿日光温室南侧前底脚线0.5米内设置防寒沟，防寒沟宽度一般在20～30厘米，深度80～100厘米，以大于当地冻土层深度20厘米为宜，沟内填充隔热性能比较好的隔热材料，如果填充秸秆杂草，需包裹一层塑料薄膜，以保持隔热材料长期处于干燥状态。目前，操作较简便的做法是在温室底脚线内侧或外侧紧贴基础的位置立铺一层5厘米厚的聚苯乙烯泡沫板，不仅占地面积小，而且隔热性能也非常优越，还不需要做防水处理，成本也较低。

②温室前底脚增加覆盖材料。保温被盖好后，再沿温室前底脚覆盖一块宽度为50～60厘米的长条形保温材料（图1-41），不仅可遮挡保温被与地面的缝隙，阻止热量散失，还能将保温被压紧，起到一定防风作用。

图1-41　前底脚处增加小保温被，阻止热量散失

15. 温室通过二道幕进行增温、保温的效果如何？

冬季室外温度较低或遇到极端低温时，温室或大棚内温度下降较多，影响作物生长，如果在温室内设置二道幕进行保温，有助于帮助作物度过低温期，对提早或延长生长期有积极作用。调查发现，持续雾霾低温天气时，采用了二道幕的温室温度较其他温室高出2～4℃，效果较为明显(图1-42、图1-43)。

图1-42　冷棚内使用二道幕情况

图1-43　连栋大棚内使用二道幕情况

二道幕保温原理是利用了二道幕和温室透光覆盖材料之间的空气间层中空气的隔热作用，降低了温室内热量向外的扩散速度，延缓了温室内温度的降低。二道幕的材料可以是不透明的织物、废旧塑料薄膜，甚至是地膜。一般安装在距离作物冠层20厘米以上的位置，与温室透光覆盖材料至少要保持20厘米的距离。在光照条件比较好的地区，如果采用如地膜等透光率较高的材料，二道幕白天可不必收起，能降低操作的劳动强度。如果是种植低矮作物，可沿作物种植畦垄用竹片搭建小拱棚，夜间覆盖废旧塑料薄膜或地膜等保温，白天揭开塑料薄膜采光，必要时也可和二道幕一样不揭塑料薄膜。二道幕内也可利用热风炉、土暖气等设施及时增温，即在温室内温度低于8℃时用其增温。还可利用电热线、热风炉、燃烧块等设施，提高内部温度。

为了保证二道幕的保温效果，要求二道幕安装应连续、严密，不得出现漏风、漏气现象，越密闭保温性越好。因此，二道幕适于无立柱或少立柱的大棚、温室或连栋温室内使用。设二道幕还必须有一定的倾斜度，以便土壤蒸发的水汽在二道幕上形成的冷凝水顺展下流；大棚内使用二道幕只在温度偏低时使用，时间20～30天。

16. 设施补光加光有什么简易的好方法?

通过以下手段可以对设施光照环境进行提升：

①使用透光率高的优质无滴膜并维持光洁。

②合理布局。应用如蔬菜采取南北行向，大行距与小行距等方法改良棚内光照条件。

③设施内采用地膜覆盖、挂反光幕等。地膜和地膜下外表附着水滴的反射作用，可以使作物得到的反射光和散射光加强50%～70%，同时地膜还可以保温。

与此同时，人工补光可以利用人造光源来模拟阳光对植物的有效波长，促进植物光合作用及其他生理功能，因此被广泛应用。目前被运用得比较多的有以下几种：

①卤灯。能够产生大量的蓝光，蓝光可以明显促进植物生长，尤其是对绿叶植物。

②高压钠灯。在日照相对不足时，高压钠灯是理想的光源，用于适当增加光照。高压钠灯是目前应用最广泛的植物补光光源（图1-44）。

③LED植物补光灯。目前最高效、发热量最小的补光灯产品（图1-45）。但由于价格较高，限制了大规模应用。

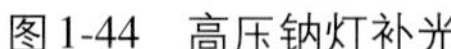

图1-44　高压钠灯补光

图1-45　用LED植物补光灯补光

使用注意事项：

①在使用补光灯时，高度一定要适宜。一般放置在1.5～2.5米处，灯与灯的间距为4～5米。冬季或不良天气可全天补光，晴天时可选在日出前或日落后补光2～6小时。

②由于棚室的高度有限，高压钠灯等高压气体放电容易对植物造成伤害，如将植物照射枯萎、将苗烤死等，应用时需注意。

17. 能自动控制的二氧化碳施肥机都有哪些？

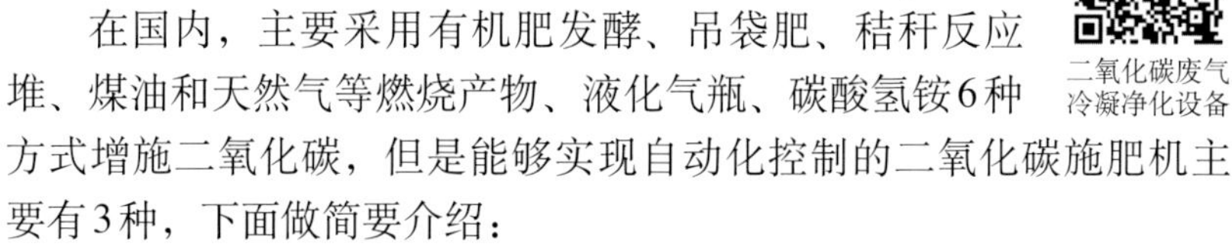

二氧化碳废气冷凝净化设备

在国内，主要采用有机肥发酵、吊袋肥、秸秆反应堆、煤油和天然气等燃烧产物、液化气瓶、碳酸氢铵6种方式增施二氧化碳，但是能够实现自动化控制的二氧化碳施肥机主要有3种，下面做简要介绍：

（1）二氧化碳液化气瓶施肥机。液化二氧化碳气瓶中二氧化碳来源于工业废气，原料价格便宜、购买方便。液化气瓶施肥机主要是将二氧化碳液化气瓶与鼓风机、电磁阀、传感器、流量计进行集成，通过智能控制器统一进行控制。通过气瓶上的压力传感器，获取瓶内剩余气体量，提醒工作人员及时更换气瓶。气体流量计可获取每小时、每天及总生育期施肥量，便于技术人员了解作物重要生育期的二氧化碳需求量，具体见图1-46。鼓风机为气体提供输送动力，通过安置在作物冠层高度的输气管道，将二氧化碳提供给作物用于光合作用。通过建立二氧化碳气肥智能调控系统设置控制策略，在系统中可以选择多种施肥策略，分别为综合环境施肥法、定量施肥法、定时施肥法。综合环境施肥法主要是根据光照、温度、二氧化碳浓度及天窗卷膜开启比例进行决策施肥，比如可以设置开启条件为：当光照强度大于*R*并且空气温度大于*T*，二氧化碳浓度小于*C*并且卷膜开启比例小于*H*时开启；关闭条件为：当光照强度小于*R*或空气温度小于*T*或二氧化碳浓度大于*C*或卷膜开启时关闭电磁阀，其中*R*的单位为勒克斯，*T*的单位为℃，*C*的单位为微摩/摩，*H*的单位为%，具体值都需要用户根据作物及设施的不同进行设置。定量施肥法主要是设置好每天的施肥量，系统会根据流量计获取的每小时施肥量和每天累积量进行控制。定时施肥法比较简单，主要是设置好每天施肥时间，在达到设置的时间区间后可实现自动施肥。

（2）碳酸氢铵施肥机。碳酸氢铵施肥机反应原理为碳酸氢铵受热分解产生二氧化碳，通过这种方式研发的施肥机可以产生二氧化

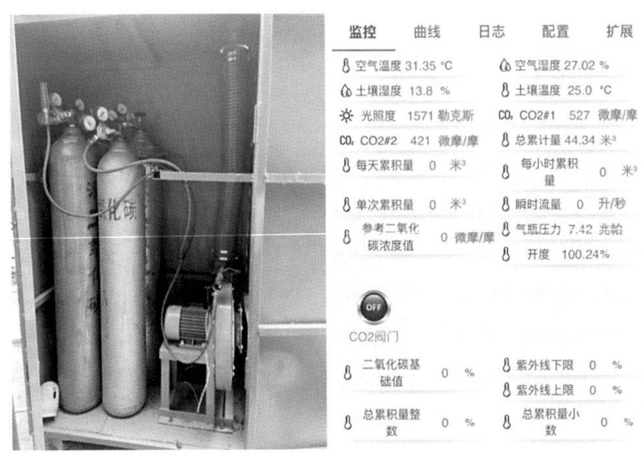

图1-46　二氧化碳液化气瓶施肥机与系统界面

碳及浓氨水，其中浓氨水可以稀释后用作肥料。碳酸氢铵施肥机的特点为原料方便购买，使用成本低，碳酸氢铵受热分解，原料产气量为1 ：0.55，转换效率高，单次最大产气量4.4千克，产气速率1.1千克/时，需要净化水量为30千克/时。主要控制方式为通过二氧化碳传感器监测温室内二氧化碳浓度，通过平台判断是否打开或关闭，并向控制器发送信号进行控制（图1-47）。

图1-47 碳酸氢铵施肥机

（3）连栋温室二氧化碳循环利用系统。连栋温室冬季生产需要加温以维持作物所需温度，荷兰Venlo式连栋温室冬季一般采用天然气锅炉加热，加热过程中会产生二氧化碳，通过二氧化碳循环利用系统将产生的废气经过冷却、净化后，经专用管道输送进温室，专用管道为半透明塑料软管，一般放置在栽培架下方，软管上布满出气孔（图1-48）。自动控制系统可以控制进入温室的二氧化碳浓度，实现了二氧化碳的循环利用。在控制平台上，一般对二氧化碳控制的设置为阈值控制，比如低于500

图1-48 系统控制与废气冷凝净化设备

微摩/摩打开电磁阀补气，高于800微摩/摩关闭电磁阀。也可以结合光辐射这个影响因子进行分段设置。

该系统主要具有如下特点：

①可以根据不同季节、每天不同时刻并结合光辐射条件来调整温室内二氧化碳浓度。

②气体的来源是天然气燃烧副产物并经过过滤，更加清洁，气体成本低。

③设备成本高，平台的使用对技术人员综合能力要求比较高。

18. 温室如何实现自动开风口？

大棚自动放风机正在逐年淘汰传统人工放风。随着科技的发展，温室大棚自动放风机等新产品不断出现，温室大棚自动放风机的优势具体表现在：

①高智能化，充分利用温度资源，提高果菜品质和产量。可按照果菜不同生长时期温度要求来设定生长温度范围，温差控制在±1℃范围内，使果菜营养生长和生殖生长更合理，积温和养分同化达到效果。

②解放生产劳动力，提高农业生产效率。研究证明，大棚温室控制温度的人工投入占总劳动力投入的60%～70%，使得农民学习、交流、外出都受到很大的限制。

③减少生理病害、降低生产成本。可根据天气自动调整工作速度，较人工可大大减小忽然骤降或骤升超越植物要求的高温和低温对果菜的生长影响，进而减少生理病害、化肥的投入，从而降低生产成本。

④适用广、使用成本低。温室大棚自动放风机使用广泛，例如农业大棚、温室。

自动放风机以机械代替人工，可以实现按照人工的处理方式（查看温度—自我判断开关风口大小）进行开关风口。具体操作如下：

①快速查看整个棚内不同位置的温度湿度，如图1-49所示。

②机械代替人工开关风口。

③可远程遥控开关风口，如图1-50所示。

④可综合考虑实现自动开关风口。

自动放风机的控制因素主要是温度的变化。利用大数据，在自动控制策略算法上做一些智能处理，利用温度传感器检测到的温度3～5分钟内的数据来预测未来3～5分钟温度变化情况，从而进行开关风口。加上提前设置开风程序，避开搭边距离等一些细节的处理，最大限度将温度控制在所需范围内。图1-50界面是其自动控制设置界面，提前安排，随时修改。

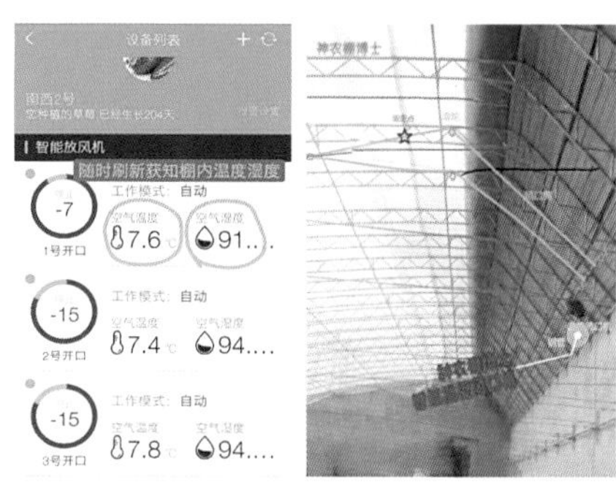

图1-49　温室内温湿度显示与机械开风机构

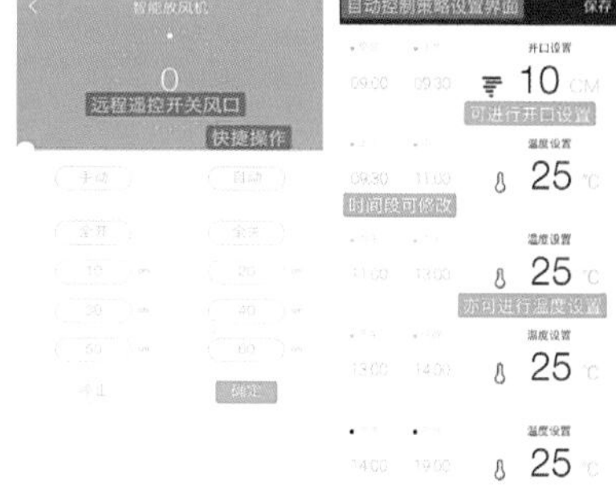

图1-50　远程遥控开关风口与自动控制设置界面

19. 温室简易开风口怎么建造？

图1-51列举了几种常见自然通风系统通风窗的设置，供参考。但基本原则是需要保证热压通风的充分性和良好的效果，为此，应使进、排风口的高差尽可能大。一般都在侧墙下部设置进风窗口，在屋面或贴近脊部设置排风窗口（即顶窗，也叫天窗），以获取较大高差。顶窗靠脊部设置可获得最高排风口位置；屋面全开式顶窗不但会更进一步提高自然排风效果，而且可将室内高大作物或珍贵苗木暴露于大自然环境中接受季节性驯化、适应性栽培。为开窗机构的布置方便等考虑，也有少数膜覆盖屋面温室将顶窗设在谷间，但这种方式通风面积较小，且高度不足。

为获得较大的通风窗口面积，可将顶窗和侧窗加长加宽，同时窗口沿坡向适当加宽些，但这在增加通风口面积的同时增加了关闭状态周边密封的难度，并对窗扇开闭机构提出了更高的要求。为便于增大自然通风量，通风窗的位置设置应尽可能使风压通风在可利用季节与热压通风的气流方向一致，使顶窗排风方向处于当地主导风向的下游方向，避免风从顶窗倒灌。屋脊双向（亦称蝶形）顶窗可应用两向窗使其得到分别控制，以适应风向变换。

图1-51　常见自然通风系统的设置

常用自然通风设备主要由可开闭的窗扉、开窗机构、电动或手动减速机构等组成。

①窗扉。窗扉亦即窗扇，是温室实现自然通风时气流的进、出口。通过控制窗扇开启角度变化来调节自然通风的流量，以达到控制室内温度或二氧化碳浓度的目的。

温室窗扉应根据温室类型、用途、自然通量要求等基本条件、需求和成本投入诸多条件，经比较、论证后，再做出选择与布置。一般而言，大型生产性温室，多选择延续的长体上悬开启式顶、侧窗；膜温室，大都选择卷膜窗；文洛型温室，大都是小体型双向交错或单向脊部间隔顶窗；有些展示温室，为美观起见，采用水平推拉窗等。但归根结底，窗的选择、配置应与温室功能和需求相适应，经济、合理、科学、适用。

②开窗机构。开窗机构基本上是一套用于开窗、闭窗的传动装置。根据开、闭对象（窗扉），将其分为框架结构窗开闭机构和无框架结构窗开闭机构两大类。前者多为齿轮——齿条机构、曲柄连杆机构、四连杆机构或液压机构等，后者一般为卷膜器类或充气泵——保利窗。开窗动力一般为电力或人工，或两者兼备。

20. 温室内为什么需要除湿？怎么除湿更有效？

温室因其封闭严密，室内空气湿度一般可比室外露地高20%以上。特别是灌水以后，如不注意通风排湿，往往连续3～5天室内空气湿度都在95%以上，极易诱发真菌、细菌等菌类病害，并且易迅速蔓延，造成重大损失。因此，及时适宜地调控、降低设施内的空气湿度，是温室蔬菜栽培必须时刻注意的。

（1）温室空气湿度的调控。

①通风换气是实现室内外空气交换最直接的方法。将温室内湿度较高的空气排至室外，引入湿度相对较低的室外新鲜空气，可简单而有效地调节温室环境湿度。温室除湿机不仅能有效地改善温室内部潮湿的生活和生产环境，而且能去除潮湿环境带来的霉菌，如图1-52所示。

图1-52　温室除湿机

②加热降湿是通过加热提高温室内空气温度从而降低空气相对湿度的办法。此法与通风换气结合应用，可更为有效地降低温室空气湿度。

③减少水分蒸发。通过在温室内采用滴灌、微喷灌等节水灌溉措施，也可采用地膜覆盖，既可节水，又减少了土壤水分蒸发量。只要防止了大量水分蒸发，就可降低室内空气相对湿度。

④吸湿法。采用吸湿材料如生石灰、氯化锂等，可吸收空气中

水分，降低空气相对湿度。但由于会增加生产投入，一般较少采用。

但有些情况下，温室也需要保证较高的空气相对湿度，如种子萌发期、扦插作物缓苗期、嫁接苗成活期等都需要高湿环境。冬季因热风供暖系统导致空气相对湿度过低，也需要提高空气相对湿度。最简单易行的增湿办法是进行灌溉（如微雾喷灌等），增加地表水分，提高蒸发量，也可增加空气相对湿度。

（2）温室土壤湿度的调节。土壤湿度的调控目的，是满足不同作物对水分的不同需求。操作时应根据不同作物及其不同生育时期对水分需求来调整灌溉水量和灌溉次数。基本原则是灌溉得当、节约用水、水肥结合、节能高效。目前，一般采用滴灌、微喷灌等，并结合施肥同时进行，既方便调控，操作又简单。

21. 用联合整地机整地有什么好处？

精整地机工作

联合整地机是与拖拉机配套的复式作业机械，一次可完成灭茬、旋耕、深松、起垄、镇压等多项作业，作业效率高，有助于除掉杂草、促进植物残体分解、控制虫害和为播种准备土壤。联合整地机按一次起垄数量可分为单垄、双垄和多垄，其中设施蔬菜所用的整地机以单垄起垄机结合其他功能机具为主，双垄和多垄联合整地机常见于露地蔬菜。按照整地机所实现的挂接方式的不同可分为悬挂式起垄机和自走式起垄机（微型旋耕起垄机）。考虑作业的高效性，减少土壤压实，在现有单一起垄机功能上进行集成与拓展，复式作业机应运而生，主要代表产品有多垄（2垄、3垄、4垄、6垄为主）联合作业机、起垄施肥一体机、起垄播种一体机或其他集成产品等。此类产品体积较为庞大，大多采用拖拉机带动的行走方式，可以轻松实现高质量的田间作业。

多垄作业联合整地机：该机型的尾部沿机架宽度方向依次设置多个起垄压整调节装置，代替原有的起垄镇压部件，可调至多垄所需要的垄型尺寸，以解决蔬菜种植中作业效率低下、来回作业油耗高等问题（图1-53）。

起垄施肥一体机：该机型在现有起垄机的基础上，增加施肥装置，肥料在料筒内受拨肥轮作用进入导肥管，再通过导肥管排入开沟器开出的沟内，排肥量可适当进行调整，解决了施肥机单一施肥、起垄机专门起垄的重复作业问题，使作业效率大大提高（图1-54）。垄距等所有参数可按实际情况调整。

图1-53 1ZKNP-180型双垄精整地机

图1-54 1G-120V1F型旋耕起垄施肥机

22. 蔬菜线播机械为什么会受到菜农青睐？

线播机作业

我国蔬菜种植面积及产量位居世界前列，但农业机械化作业还未普及。播种环节大多采用人工播种（图1-55），耗费大量的人力、物力和财力且工作效率非常低，因此，发展播种机械已经成为改变传统人工作业方式、实现产业机械化和智能化的必然趋势。

种子带播种技术是科学、精密的播种技术。种子带播种与传统的手工或机械播种方法相比，具有如下优点：第一，种子带是通过

图1-55 人工撒种（左）与多人作业（右）

机械先将种子按设定的间距和粒数编织成种子带，然后按设定的深度埋入土中。故种子发芽率高，出苗整齐，产品优等品率高。第二，在种子带编织过程中，种子粒数由机器中的电脑控制，无种子浪费，对于价格昂贵的种子，可大大节约生产成本。第三，几乎不需要间苗作业，可以节约劳力。第四，大规模抢时节播种，可节约时间、节约劳力，高效率、高质量完成播种作业。

从技术上来看，该技术分为两部分：一是种子带编织技术。该技术是按照预先设定好的株距和穴粒数，通过种子编织设备将种子定量、定位编织在种子带中并绕成卷（图1-56）。某型种子带编织机的外观如图1-56所示，该机每小时可编织种子带3 000米以上，能适应根菜类、叶菜类、果菜类、花卉和药材等多种作物种子。种子带材料为绿色环保产品，由天然无污染的可降解纤维材料组成，降解期约为30天，对土壤无任何伤害，并且种子带还可以起到保温、储水的作用，从而提高出苗率。

种子带编织机

a

b

图1-56　种子带编织机与编好的种子带

a.种子带编织机　b.编好的种子带

二是种子带播种技术。就是将编织好的种子带用播种机进行播种，播种机可以调节播种深浅，并且可以一次完成播种及铺设滴灌带。该机主要由机架、导向轮、挖沟组件、压带组件和覆土组件等组成。机具在行驶过程中，挖沟组件进行挖沟，压带组件用于在播种机前进的过程中将放卷后的种子带压入开好的土沟沟槽内，覆土组件用于在播种机前进的过程中将土沟沟槽两侧松散的土壤拨动覆盖在土沟沟槽内。种子带播种机有人力式和机动式两大系列。人力式有1行、2行等机型，图1-57为人力简易种子带播种机，一次可播1～2行。机动式有与动力底盘配套(1～16行)机型，图1-58为机动式简易种子带播种机，一次可播1～4行。图1-59为机动式种子带播种机，最多一次可播种16行。

图1-57　人力简易种子带播种机

以萝卜栽培为例：采用人工播种效率非常低，以亩*计算，人工条播200元，采用线播每天可播种20亩，线播成本每亩10元，每亩节约人工成本190元。人工播种需要间苗，每人每天间苗2亩，线播可避免间苗，每亩节约人工成本100元。青萝卜种子价格为2 000元/千克，人工播种每亩播种用量约为250～300克，即500～600元，利用线播机械化技术可省种40%，即每亩种子成本可节省200～240元。因此，每亩线播可比人工节省490～530元。

图1-58　机动式简易种子带播种机

图1-59　机动式种子带播种机

23. 育苗场如何选择穴盘育苗播种机？

目前，技术相对成熟、覆盖面广的穴盘育苗播种机主要有盘式

*亩为非法定计量单位，1亩=1/15公顷，后同。——编者注

(平板式)播种机、针式播种机、滚筒式播种机三大类，根据自动化程度不同，可分为手持式、半自动、全自动流水线三种类型。

(1) 手持盘式(平板式)播种机。手持盘式(平板式)播种机的原理是利用带有吸孔的盘通过真空泵吸附种子，然后形成正压气流释放种子进行播种(图1-60)。大小规格与穴盘相近，长55厘米，宽30厘米，高5厘米。播种速度较高，可达180盘/时，每台价格2 000多元，性价比较高，适应范围较广。但特殊种子和过大、过小种子的播种精度不高，少量播种无法进行，不同规格的穴盘或种子需要配置附加播种盘、冲穴盘，且噪声大、盘片重，长时间操作劳动强度大。

图1-60　手持盘式播种机

(2) 半自动针式播种机。半自动针式播种机工作时利用吸嘴吸附种子，当育苗盘到达播种机下面时，再释放种子进行播种(图1-61、图1-62)。此类型播种机适用范围较广，0.3毫米以上的种子均可进行播种，对异型种子的适应性较强，可更换不同规格的针管和穴盘驱动板，播种精度高达99.9%(干净、规矩的种子)。播种机占地尺寸约为长度2米、宽度1米、高度1.5米，操作简便，性能稳定，工作效率高，适用于年育苗量50万～1 000万株的育苗场，播种速度可达300盘/时，价格5万～10万元不等。

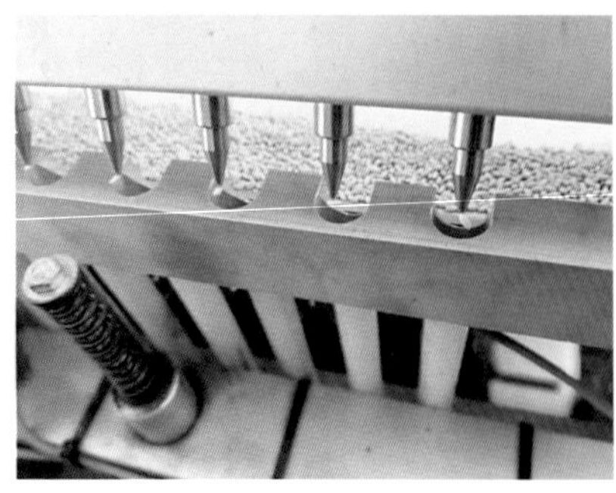
图1-61　半自动针式播种机吸附种子

图1-62　NS-30型半自动针式播种机

图1-63　滚筒式播种流水线的播种滚筒

(3) 全自动滚筒播种流水线。全自动滚筒播种流水线可自动完成基质装盘、刷平、压穴、播种、覆土、喷淋、运送等播种全过程（图1-63和图1-64）。它适用于年育苗量1 000万株以上的大中型育苗场，适于绝大部分花卉、蔬菜等种子。占地面积较大，约为长10米、宽2米、高1.5米，需要配备播种车间。播种准确率高，播种速度快，可达800～1 200盘/时，效率最高。价格昂贵，10万～50万元不等。

国内外播种机类型有很多，每个类型都有自己的特性，价格从2 000元至50万元不等。育苗单位在购买播种机时，应选择技术服务力量比较雄厚的知名大企业，须向销售商说明育苗需求，针对所育种苗的种子类型、穴盘规格、操作方法、售后服务、人员培训等进行咨询，确保穴盘播种育苗顺利进行。

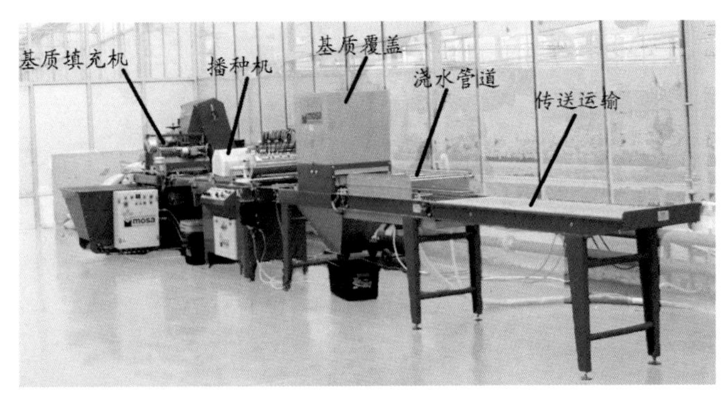

图1-64　MOSA-LNE800型全自动滚筒式播种流水线

24. 挂果吊蔓绳能做到绿色、无污染吗？

目前，常用的吊蔓绳均是人工合成的聚乙烯产品，该材料分子结构非常稳定，在自然条件下很难通过光、热、生物等方式进行降解，研究表明，残留吊蔓绳可在土壤中存留200年以上。吊蔓绳在一次性或重复数次使用后，往往与藤蔓紧密缠绕，两者分离困难，粉碎时经常缠绞刀片，严重影响设备与工效，成为秸秆还田与堆制有机肥的制约因素，见图1-65、图1-66。因此，废弃吊蔓绳大多随秸秆丢弃或焚烧处置，给环境造成二次污染。

图1-65 塑料吊蔓绳大量混在蔬菜秸秆中的情况

图1-66 塑料吊蔓绳缠绕机械情况

以麻类植物纤维、棕丝等天然材料加工制成的吊蔓绳，拉力适中，表面粗糙，在保证对作物承重的同时，也有助于植物攀爬。拉秧时，不必再进行分拣，直接随茎蔓粉碎，不影响机械操作，堆肥时植物纤维可完全分解，无任何污染，这是实现设施农业绿色生产的重要环节之一。

25. 设施内收获机械都有哪些？

采摘车工作

近几年，随着农业产业结构的不断调整，温室面积逐步扩大。但日光温室内的各项农事作业，基本上都是手工操作，劳动强度大，工作效率低。

温室是一个种植模式相对固定的生成场所，迫切需要针对现有温室改造要求不高、投入成本低且能在温室内灵活地移动、实现物流运输、具有升降功能的智能化移动平台（图1-67），可用于施药、采摘、作物整理等操控自动化作业。这对温室的轻简化、自动化工作的推进有非常重要的实际意义。

设施运输移动平台可在设施内跟随蔬菜收获作业，完成输送、搬运等功能。其有手扶和乘坐、电动（图1-68）和油动、轮式底盘和履带式底盘之分。履带式机型也可适用于果园作业。农户需要按照设施的不同类型，进行相应的选择和配置。

图1-67　电动升降轨道车

图1-68　电动升降采摘车

二、特色高效蔬菜品种选择

26. 口感番茄都有哪些?

东北以盘锦为代表的盐碱地区有种植口感番茄的习惯，此类番茄（当地习惯称番茄为柿子）果实大小适中、风味浓郁、适于直接当水果鲜食，因为外观上一般具有绿腚青肩、内瓤似草莓，所以又称为草莓番茄，也称作水果番茄或高品质番茄。作为口感番茄栽培的系列品种，必须经过严格控水、特殊管理才能提高糖度，种成口感番茄，如按普通番茄管理，则口感与普通番茄相差无几。目前，口感番茄品种主要有原味1号、京采6号、京采8号、京番308、粉优3号等。

（1）原味1号。原味1号是由日本景田公司选育的杂交一代品种，因其风味浓郁，回味甘甜，含糖量可达11%，深受消费者欢迎（图2-1、图2-2）。该品种是无限生长型，单果重80～100克，苹果型，果形周正，色泽亮丽，是口感番茄的杰出代表。设施栽培亩产量2 000～2 500千克，适合北方地区越冬、早春温室栽培，南方地区建议冬春茬种植。

华北及东北非冷凉地区建议在9月20日后定植，南方地区建议11月上旬定植。育苗期间要严防粉虱等传毒害虫，高温季节要注意加盖遮阳网或采取其他降温措施。冷凉地区可配合管理措施全年种植。可采用大行双垄定植，大行距1.2米，株距35～40厘米，亩定植2 800～3 200株，亩产2 000～2 500千克。

（2）京采6号。京采6号是由北京现代农夫种苗科技有限公司选

图2-1　原味1号

图2-2　原味1号剖面

育的杂交一代番茄品种（图2-3、图2-4）。其口感细腻，酸甜可口，番茄味特别浓，普通栽培糖度可达7°左右，特殊控水栽培糖度可达10°左右，适合作为水果鲜食。该品种无限生长，早熟性好，单果重180～200克，正圆形，未熟果条状绿肩明显，成熟果粉红色，且长势稳健，叶量中等，具有番茄黄化曲叶病毒病抗病基因*Ty-1*和*Ty-3a*的基因位点，对根结线虫及叶霉病抗性较强，栽培管理容易，适合各地采摘园或种植口感番茄的地区栽培。

图2-3　京采6号切面

图2-4　京采6号田间

华北及东北非冷凉地区建议在7月10日至翌年2月底播种，高温季节要注意加盖遮阳网或采取其他降温措施，同时注意防治粉虱及蓟马等传毒害虫。冷凉地区可配合管理措施全年种植。

（3）京采8号。京采8号是由北京现代农夫种苗科技有限公司选育的品质番茄新品种。其口感细腻，酸甜可口，风味浓郁，糖度高，普通栽培糖度可达7.5°左右，特殊控水栽培糖度可达10°以上，适合作为水果鲜食，见图2-5、图2-6。该品种无限生长，早熟性好，单果重150～180克，正圆形，未熟果条状绿肩明显，成熟果粉红色，长势稳健，叶量中等，具有番茄黄化曲叶病毒病抗性基因*Ty-1*和*Ty-3a*的基因位点，对根结线虫及叶霉病抗性较强，栽培管理更容易，适合各地采摘园或种植口感番茄的地区栽培。

图2-5　京采8号单株

图2-6　京采8号田间

华北及东北非冷凉地区建议在7月10日至翌年2月底播种，高温季节要注意加盖遮阳网或采取其他降温措施，同时注意防治粉虱及蓟马等传毒害虫。冷凉地区可配合管理措施全年种植。

（4）京番308。京番308是由北京市农林科学院蔬菜研究中心选育的品质番茄新品种，耐裂性好，汁多味浓，糖度高，普通栽培糖度可达8°左右，控水栽培糖度可达12°，单果重60～100克，适合作为水果鲜食，见图2-7。该品种无限生长，早熟性好，成熟果粉红色，略有绿肩，果实圆形，每穗留果4～6个，具有*Tm-2a*、*Mi-1*等抗性基

图2-7　京番308

因位点。适合各地采摘园或种植口感番茄的地区栽培。

27. 风味浓的水果黄瓜有哪些品种？

（1）白富强。白富强是高档水果型黄瓜，皮薄，心腔小，清爽，脆甜，口感极佳，见图2-8、图2-9。

图2-8　白富强切面

图2-9　白富强田间

白富强，平均瓜长18～20厘米，瓜色亮白，小瘤稀刺有光泽，中熟，强雌，每节1～2瓜，耐低温、弱光，但不适合越冬长季节栽培，适合保护地秋冬或冬春茬栽培。

适宜播种期，华北地区为8月下旬至9月中旬或12月下旬至翌年1月下旬。亩定植约3 000株。只留主蔓瓜，去除全部侧枝及前6节瓜。苗期注意促进根系的生长，开第一雌花前，可酌情追肥提苗，第一雌花开后，加强水肥管理，使秧果生长协调，防止化瓜等现象。主要病虫害有霜霉病、角斑病和蚜虫等，注意以预防为主，早发现，早治疗。

（2）小尾香长。小尾香长是高档水果型黄瓜，心腔小，清香爽口，风味浓厚，品味独特，见图2-10。

小尾形短把，平均瓜长20厘米，光滑无刺，瓜色亮绿、光泽好；强雌，中早熟，每节1瓜，长势较旺，耐低温、弱光，适合保护地秋冬茬或春提前栽培。

图2-10　小尾香长产品

适宜播种期，华北地区为8月上旬至9月下旬或12月下旬至翌年3月上旬。亩定植约3 000株。只留主蔓瓜，去除全部侧枝及前6节瓜。苗期注意促进根系的生长，开第一雌花前，可酌情追肥提苗，第一雌花开后，加强水肥管理，使秧果生长协调，防止化瓜等现象。主要病虫害有霜霉病、角斑病和蚜虫等，注意以预防为主，早发现，早治疗。

28. 鲜食甜椒有什么特点?

甜椒，茄科辣椒属，由原产于中南美洲热带地区的辣椒经过长期栽培和人工选择演化而来，见图2-11。甜椒果实辣味变淡，富含B族维生素和维生素C、胡萝卜素，作为鲜食蔬菜在欧美国家较为常见。根据外观形状区分，目前市场上甜椒常见品种分为方形椒、牛角椒和迷你尖椒三种类型。其中方形椒较常见，以绿色、红色和黄色为主，含糖量多在6%左右。

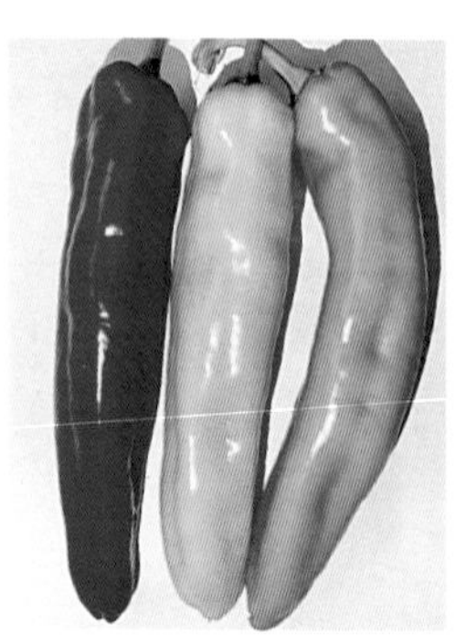

图2-11　牛角椒

牛角椒和迷你尖椒以其外形得名，有糖度高、肉质脆嫩、种子少和皮薄的特点，植株连续坐果率高，适应性好，易种植。牛角椒以荷兰瑞克斯旺种子有限公司的品种巴莱姆为例，果实为牛角形，成熟后呈红色、黄色和橙色，外表光亮，辣味淡，含糖量可达10%。巴莱姆为杂交一代，果实长度16～25厘米，直径4～5厘米，单果重在125～140克，产量为20～25千克/米^2，抗烟草花叶病毒，适合日光温室和早春大棚种植。巴莱姆的生长管理与普通甜椒差别不大，重点都是保持稳定的坐果率和平衡的营养与生殖生长。荷兰智能玻璃温室常在12月底定植，在定植后13～15周（翌年4月）开始采摘，第一次采摘的果实较大（150～200克），着色也较慢，坐果后大约需要10周时间。后续采收的果实着色加快，大约需要9周的时间，整个收获期持续到10月。牛角椒在荷兰终端售价为7～9欧元/千克。

迷你尖椒在多家种子公司均有售卖，如安莎种子科技（北京）有限公司和荷兰瑞克斯旺种子有限公司（图2-12）。果实颜色一般为红、黄和橙三种颜色，出售时常把三种颜色混装，颜色鲜艳，商品外观性高。迷你尖椒果形小巧，长度8～9厘米，直径3～5厘米，单果重在30～80克；含糖量高，可达10%～11%，更加符合鲜食零食的消费观。迷你尖椒产量约为15千克/米^2，抗烟草花叶病毒，可早春茬或越冬茬种植，早春茬多在拱棚种植，越冬茬则在保温性较好的日光温室或者智能玻璃温室种植。迷你尖椒在荷兰终端售价为10～12欧元/千克。

图2-12　不同品种的迷你尖椒

29. 卫青萝卜和沙窝萝卜是一回事吗？

卫青萝卜是天津地区特色青萝卜的简称，其品种特点是肉质根顺直，皮色及瓤色均为绿色，口感脆甜，品质佳，适合生食（图

2-13、图2-14）。从传统种植区域看，卫青萝卜主要包括西青区沙窝、津南区葛沽、武清田水铺、大港常流庄等品种类型，各品种类型特点在以上共性的基础上，形状或口感略有差异。因此，沙窝萝卜是卫青萝卜的一个区域类型。

图2-13　七星萝卜产品

图2-14　七星萝卜产品品质

目前，从产量、品质、商品率等综合现状看，最好的卫青萝卜品种是近几年选育出来的杂交品种——七星，它属于沙窝类型卫青萝卜，其特点和栽培关键技术如下：

七星萝卜是天津科润农业科技股份有限公司蔬菜研究所选育的水果型青萝卜杂交一代中熟品种。生育期75天左右，株形直立，叶丛小，羽状裂叶。肉质根长圆柱形，根长20～25厘米，直径6.5～7.5厘米，单株重0.75千克左右，商品率90%以上（常规种商品率为70%左右），肉质根入土部分小，表皮色绿光滑，亮泽美观；肉色绿，口感脆甜，北方秋延后设施生产含糖量可达到8%以上，最高可达9%，品质佳，适于生食，被称为水果萝卜。耐抽薹、抗病、高产，亩产4 000～6 000千克。我国南方地区四季均可种植，但以秋、冬季最为适宜；北方大部分地区可春、秋两季种植；东北北部只能秋季种植。

天津地区最高效的栽培茬口为秋延后棚室栽培。设施为简易日光温室。播种时间为8月下旬或9月初，11月下旬至春节前后可陆续收获。直播每亩用种量0.4～0.5千克，线播每亩用种量0.2千克。

平畦和起垄种植均可，盐碱地区建议采取平畦种植。行株距40厘米×25厘米，每亩以6 000 ～ 7 000株为宜。

30. 红心脆梨萝卜是什么品种?

红心脆梨萝卜是从日本进口的杂交一代紫红萝卜品种，见图2-15、图2-16。播种后60 ～ 65天收获，单根重0.35 ～ 0.4千克，肉质根入土部分占根长2/3，肉质根形短粗，长13～16厘米，皮厚度0.4 ～ 0.5厘米，根表皮紫红色、光滑，根肉鲜亮紫色，截面萝卜瓤色呈玫瑰色，水分充足，口感甜爽，细腻，萝卜含糖量在7%时，品质最佳。适宜秋冬季露地和设施种植，每亩栽植密度适宜9 000 ～ 10 000株。

图2-15　红心脆梨萝卜单株

图2-16　红心脆梨萝卜田间

红心脆梨萝卜主要栽培茬口有秋延后塑料大棚或日光温室栽培。秋延后大棚栽培可在8月20日至9月初播种，10月中旬至11月中旬开始采收，生育期55 ～ 60天。秋延后日光温室栽培可在9月5—20日播种，12月初至春节后陆续收获，生育期80 ～ 115天。

31. 北京传统老品种心里美萝卜有什么特点?

心里美萝卜始种于清朝年间，是北京优秀地方品种，也是国内最著名的水果萝卜品种（图2-17）。其皮薄、肉脆、汁多，维生素

C、核黄素、铁的含量比梨还高，是国内色、香、味、营养俱佳的水果萝卜。心里美萝卜生长时有1/2以上露出地面，所以上部呈现淡绿色，下部为白色。肉为鲜艳的红色，艳丽如花，富含花青素，品质超群。圆滚滚的心里美萝卜，沾刀就炸，咬上一口甜丝丝、嘎嘣脆……是留在老北京人记忆深处的美好回忆。历史上大兴西红门、海淀四季青产的心里美萝卜，口感脆甜赛过鸭梨。心里美萝卜有草白瓤、血红瓤之分，叶型有花叶、板叶之分。目前，种植最多的还是板叶心里美萝卜。

图2-17　心里美萝卜

（1）花叶心里美萝卜。瓤色淡（粉红）的心里美萝卜品种，叶丛半直立，叶绿色，肉质根短圆柱形，1/2露出地面，皮绿色，入土部分白色，生育期80～90天，肉脆、水分大、辣味淡、味甜，品质很好。收获后可以直接鲜食，平均单根重500～600克，不耐储藏，产量比板叶的低，抗病性比板叶的差，适合露地、保护地栽培（图2-18）。

（2）板叶心里美萝卜。瓤色血红的心里美萝卜品种，叶丛半直立，叶绿色，肉质根短圆柱形，1/2露出地面，皮绿色，入土部分白色，生育期80～90天，肉质偏紧，口感较花叶品种艮，耐储运，平均单果重500～600克，通常收获后要通过一段时间的窖藏才好吃，抗病性强，产量高（图2-19）。

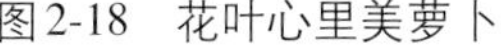

图2-18　花叶心里美萝卜

图2-19　板叶心里美萝卜

32. 纤指1号水果型指形胡萝卜有什么特点？

纤指1号是北京市农林科学院蔬菜研究中心选育的指形胡萝卜品种。该品种极早熟，肉质根细长，圆柱状，根长14～16厘米，茎粗1.35～1.5厘米，单根重15～30克，叶短小，根叶比大，叶绿色，叶长30～40厘米，大叶约4片，叶柄细，叶痕小，耐抽薹，肉质根形状漂亮，颜色晶莹剔透，口感脆甜，是优秀的微型水果型胡萝卜品种，见图2-20、图2-21、图2-22。生育期70天左右，适合各地春季、秋季露地及保护地种植。

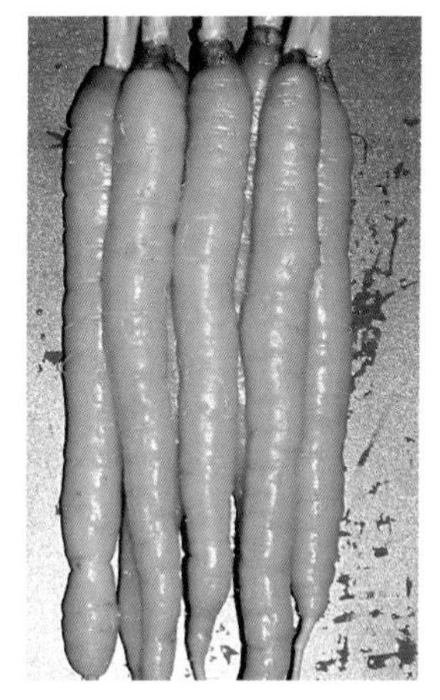

图2-20　纤指1号产品

纤指1号宜选择沙壤土栽培，商品性、品质会更好一些。北京地区秋季露地可以8月中旬播种，入冬前收获；也可以冷棚种植，9月初播种，在棚中越冬，冬季随时收获；温室种植，10月1日左右播种，元旦—春节可以收获新鲜的水果胡萝卜。春季露地、保护地也可以种植，品质上不如秋冬季。采用高垄或高平畦种植，行距10～15厘米，株距3～5厘米。

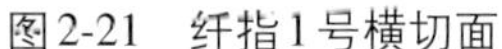

图2-21　纤指1号横切面

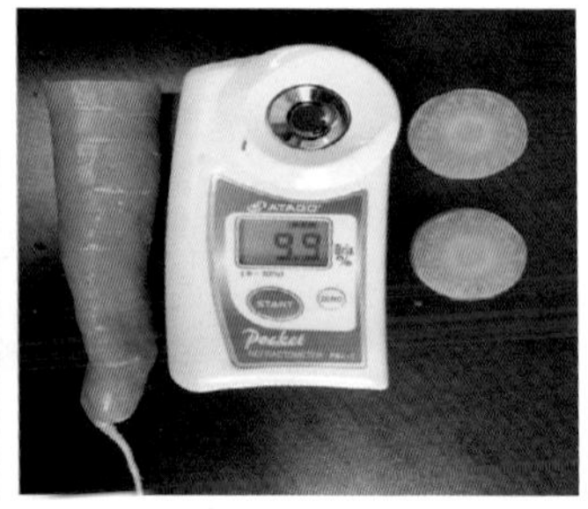

图2-22　纤指1号糖度

33. 紫红色水果型胡萝卜普兰克有什么特点？

普兰克胡萝卜是北京育正泰种子公司选育的高品质胡萝卜品种，见图2-23、图2-24。叶健壮，开展度大，肉质根紫红色，色彩鲜艳，长圆柱形，肉质根从表层开始向内由粉色转为金黄，中心柱细，肉质脆甜，香气浓，适合储存和加工佐食。根长可达30厘米，根粗2～3厘米，播种到采收110天左右，亩产可达5 000千克。

图2-23　普兰克胡萝卜产品

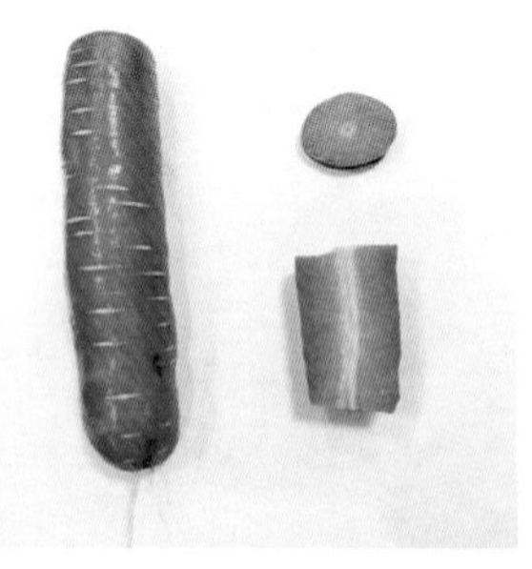

图2-24　普兰克胡萝卜剖面

普兰克胡萝卜宜选择沙壤土栽培，商品性、品质会更好一些。北京地区秋季露地可以7月中下旬播种，入冬前收获；也可以冷棚种植，8月中下旬播种，在棚中越冬，冬季随时收获；温室种植，9月中旬播种，元旦—春节可以收获新鲜的水果胡萝卜。春季露地、保护地也可以种植，品质上不如秋冬季。采用高垄或高平畦种植，行距20～30厘米，株距8～10厘米。

34. 北京传统品种鞭杆红胡萝卜有什么特点？

鞭杆红胡萝卜是深受北京市民欢迎的老北京名优地方蔬菜品种之一，见图2-25、图2-26。鞭杆红胡萝卜与普通胡萝卜相比，含水量低，干物质含量高，胡萝卜风味浓郁，味甜，肉质脆硬，品质好，花青素含量是普通胡萝卜的10多倍，适宜炒食、炖食、蒸食和凉拌、腌制，腌制好的胡萝卜在夏季和青蒜一起拌凉粉曾经是老北京人喜食的降暑美味。

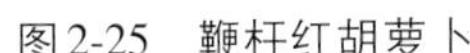

图2-25　鞭杆红胡萝卜

图2-26　鞭杆红胡萝卜田间

植株高50厘米，叶簇较直立。有12～14片叶，叶色深绿，叶柄基部和叶脉紫红色，叶缘波状，微皱；肉质根长25～30厘米，呈长圆锥形，末端尖细。单根重85～120克，表皮紫红色，根肉韧皮部橙红色，木质部橙黄色，纤维少、嫩脆。据有关部门测定，每100克可食部分糖分含量8.7克，花青素15.88毫克，类黄酮0.277毫克，胡萝卜素10.28毫克。中晚熟品种，生育期90～100天，抗热、耐寒、抗病性强，丰产性较好，一般亩产量2 000～3 000千克，适宜秋季露地栽培，耐储藏，在窖中能储存到翌年3月。每年11月至翌年3月供应市场。

35. 水果苤蓝有什么特点？有哪些品种？

苤蓝又名球茎甘蓝，俗名擘蓝、玉蔓菁。十字花科，芸薹属，一、二年生草本植物。其食用部分为肉质球茎，质脆嫩，可鲜食、腌制。苤蓝是甘蓝中能形成肉质茎的一个变种，与结球甘蓝相比，其食用部位不同。

水果苤蓝是从欧洲、日本引进的优质苤蓝新品种，以鲜食为育种目标，以膨大的肉质球茎和嫩叶为食用部位。与普通苤蓝相比，水果苤蓝的品质更好，其球茎脆嫩清香爽口，营养丰富。嫩叶营养丰富，含钙量很高，并具有消食积、去痰的保健功能，适宜凉拌、鲜食、炒食和做汤等。水果苤蓝在装箱礼品菜和超市销售很受欢迎。其生育期间病虫害少，种植容易。水果苤蓝品种，按照外观颜色分为绿色、紫色，按成熟期分为早熟、中熟、晚熟。常见的优质品种如下：

（1）利波(Lippe)。利波由荷兰瑞克斯旺种子有限公司推出。球茎扁圆形，表皮浅黄绿色，叶片浅绿色，株型上倾，适宜密植，单球重500克左右，口感脆嫩，品质极佳，抗病性强，定植后60天左右采收（图2-27）。

图2-27　利波苤蓝

（2）泷井交配水果苤蓝TI-084。泷井交配水果苤蓝TI-084是日本泷井种苗株式会社生产的耐抽薹、极早熟水果苤蓝品种。定植后35～40天可收获，球茎扁圆，浅绿色，单球重约600克；表皮光滑，糠心晚，口感脆甜，品质非常好；叶片少，叶痕浅，株型紧凑，适合密植。它是容易栽培的特色功能性蔬菜品种（图2-28）。

图2-28　泷井交配水果苤蓝TI-084

（3）孔玛。孔玛是荷兰bejo公司推出的早熟水果苤蓝，叶片深绿色，株型上倾，适宜密植，球茎扁圆形，表皮浅黄绿色，单球重500克左右，口感脆嫩，品质极佳，抗病性强，定植后60～70天采收。适合冷凉气候，遇高温容易裂球。

（4）克沙克。克沙克是荷兰bejo公司推出的荷兰巨型水果苤蓝，晚熟，抗性强，特高产。球茎光滑，可以长到足球大小，平均单球重1.5～2千克。不易糠心，不易木质化，可长期储藏。可以鲜食，加工榨菜、泡菜。不易裂球，生育期130天。

（5）紫苤蓝——克利普利。克利普利紫苤蓝是荷兰bejo公司推出的中熟红色品种。球茎扁球形，缨短，单球重500克左右，外皮红色，肉色白色，品质好，病害轻，无筋，不易木质化，生长势强，成熟迅速，定植后60天可采收，每亩用种8 000粒左右（约25克），可长期储藏。

36. 水果甘蓝有什么特点？

水果甘蓝是河南豫艺种业科技发展有限公司选育的高品质水果甘蓝杂交一代品种，品种的名称直接叫作水果甘蓝，可以看出对品质方面的自信，见图2-29、图2-30。生食口感脆甜，风味佳。长势旺，整齐度好，生长快，正常情况下秋季露地定植后60天左右收获。叶片亮绿，球扁圆形，球形整齐，较耐裂，平均单球重1.5千克，延迟后可达2.5～3千克，亩产可达6 000千克以上，适合全国各地露地及保护地种植。

北京地区秋季露地种植，7月20日左右播种，8月20日左右定植，10月20日左右开始收获，一直到11月上旬。春季露地2月上旬温室

图2-29　水果甘蓝糖度

图2-30　水果甘蓝田间

育苗，3月中下旬定植露地，5月中下旬收获。也可以春提前秋延后大棚种植。冬季也可以日光温室种植，9月上旬育苗，10月上旬定植，元旦—春节收获新鲜甘蓝上市。定植行株距（50～60）厘米×（35～45）厘米，每亩定植3 300株左右。秋冬茬的甘蓝品质最好，春季种植宜早种、早收、早储存。甘蓝耐储存，在适合的季节种植，然后放在0℃左右的恒温条件下，可以储存2个月左右，大大地延长了供应期。适合采摘型、会员制等园区种植。

37. 牛心甘蓝品种茶玛有什么特点？

茶玛是荷兰瑞克斯旺种子有限公司选育的早熟牛心甘蓝杂交一代品种，植株长势中等、整齐一致，性状稳定，叶球端正牛心形，中心柱5～6厘米，定植后50～60天成熟，单球重1.0～2.0千克，抗病、耐寒。叶肉脆甜，品质佳，可以生食或凉拌。该品种可作为水果甘蓝栽培，冬季保护地和春秋露地皆可种植，见图2-31、图2-32。

图2-31 茶玛甘蓝产品

图2-32 茶玛甘蓝田间

露地、冷棚、温室都可以栽培，春季、秋季、冬季都可以栽培，以秋冬季品质更佳，春季种植宜早不宜晚。穴盘育苗，苗龄30天左右，定植行株距（60～70）厘米×35厘米，每亩定植3 000株左右，亩产量5 000千克左右。甘蓝耐储存，在适合的季节种植，然后放在0℃左右的恒温条件下，可以储存2个月左右，大大地延长了供应期。适合采摘型、会员制等园区种植。

38. 日本绍菜类白菜墨玉青品质真的好吗?

墨玉青是河南豫艺种业科技发展有限公司选育的日本绍菜类、高品质杂交一代白菜新品种，生育期68天左右。该品种菜形独特，形状似竹笋，外叶非常青翠，内叶亮黄绿色，结球非常紧实，株高40厘米，粗15厘米左右，净菜单株重1.5～2千克，口感脆爽无渣，有甜味，凉拌、炒食均可，是好吃的白菜品种。适合秋季露地或秋冬保护地栽培，见图2-33、图2-34。

图2-33　墨玉青产品

图2-34　墨玉青田间

北京地区露地栽培8月20日左右播种，高垄栽培，行株距60厘米×40厘米，亩种植2 600～3 000株，冷棚、温室秋冬栽培也可以。注意水肥管理，避免使用未腐熟有机肥和过量使用化肥，生长期间不可过于干旱。避免在盐碱地或黏土地种植，以防止干烧心的发生。避免高纬度、高海拔地区种植，避免平原地区春季生产，以防止未熟抽薹。亩产5 000千克以上。

该品种外形独特，品质特优，有明显卖点，可作为礼品蔬菜销售，建议农业园区、包地大户及有创新思想的菜农率先种植，或供超市订单生产，效益更好。适宜全国多地种植。

39. 日本绍菜类白菜京箭70有什么特点?

京箭70是北京市农林科学院蔬菜研究中心新育成的中熟绍菜杂交一代。生育期约70天，植株直立，株高约55厘米，开展度67厘米左右，外叶绿，叶柄浅绿，叶球拧抱，单球净菜重2.3千克左右，叶球高约50厘米，粗约11厘米，抗病毒病、霜霉病，较耐抽薹，品质好。适合秋季露地及秋冬保护地栽培，见图2-35。

图2-35　京箭70田间

北京地区露地栽培8月20日左右播种，高垄栽培，行株距60厘米×40厘米，亩种植2 600～3 000株，冷棚、温室秋冬栽培也可以。注意水肥管理，避免使用未腐熟有机肥和过量使用化肥，生长期间不可过于干旱。避免在盐碱地或黏土地种植，以防止干烧心的发生。避免高纬度、高海拔地区种植，避免平原地区春季生产，以防止未熟抽薹。亩产5 000千克以上。

40. 羽衣甘蓝的特点和高效性体现在哪里?

羽衣甘蓝，为十字花科芸薹属甘蓝种，二年生草本植物。羽衣甘蓝起源于地中海地区，菜用的羽衣甘蓝具有营养高、口味好、易栽培等特点，每100克新鲜食用部分含蛋白质3.96克，在甘蓝类蔬菜中是最高的；胡萝卜素含量3.69毫克，接近胡萝卜的胡萝卜素含量；维生素C含量为125毫克，与青椒的维生素C含量（每100克含128毫克）接近，是番茄维生素C含量(每100克含23毫克)的6倍左右。钙含量为225毫克，磷含量为67～93毫克，钙含量约为磷含量的3倍，而人类的主食、肉食及蛋类的钙磷比要低得多，羽衣甘蓝与其他食物一起食用正好平衡这两种元素，达到人体钙磷比1∶1的需要。见图2-36、图2-37。

羽衣甘蓝为一种散叶甘蓝，不结球，食用部分为嫩叶，叶长形，叶缘皱缩，植株小时，茎细短缩，随着植株生长，茎加粗，株高增加，节间长度增加，株高可达50～60厘米，开展度可达40～50厘米。羽衣甘蓝为半耐寒性蔬菜，喜冷凉湿润气候；耐霜冻，对土质光照要求不严。

春季露地栽培：北京地区2月上旬育苗，3月中旬定植，5月上旬开始收获，可连续收获至7月上旬，收获期2个月。秋季露地栽培：6月育苗，7月定植，9月至10月底收获，收获期约2个月。秋、冬、春季保护地栽培：应选择条件较好的高效日光温室栽培，设施环境条件差时，冬季产量较低。8月育苗，9月定植，11月入冬时正好开始收获，可连续收获至翌年5月。

图2-36　羽衣甘蓝单株

图2-37　羽衣甘蓝田间

41. 穿心莲是什么蔬菜？

穿心莲是近些年才开始被当作蔬菜食用的一种绿叶蔬菜，见图2-38、图2-39。其实，它真正的名字叫心叶日中花，穿心莲为一种误传。在植物学分类上，真正的穿心莲或者说药用穿心莲为爵床科植物，而心叶日中花为番杏科日中花属，多肉花卉类植物，别名露草、心叶冰花、太阳玫瑰、羊角吊兰、樱花吊兰、牡丹吊兰等，原产非洲，多年来一直仅作为花卉观赏之用。现今，作为蔬菜，其食用部位为其嫩茎叶，可作为一次栽培、多次采收蔬菜，其抗性较强、产量高、效益好，属于一种高产、高效的绿叶蔬菜。

图2-38　穿心莲

图2-39　穿心莲田间

心叶日中花为多年生常绿蔓性肉质草本。茎伸长后呈半匍匐状，平卧，多分枝，叶对生，肉质肥厚、鲜亮青翠。茎顶端开花，花色桃红色至绯红色，中心淡黄，形似菊花，瓣狭小，具有光泽，自春至秋陆续开放，温室栽培，冬季也会开花。雄蕊多数，子房下位，无花柱，柱头4。蒴果肉质，星状开裂4瓣；种子多数。

心叶日中花植株丛生，分枝性能强，生长快，每叶腋均能生长侧枝。打顶后温度适合情况下，大约7天侧枝即能达到采收标准。生产上多用扦插繁殖。扦插时宜选择粗壮的茎尖，在穴盘、营养钵或畦中扦插均可。插条8～10厘米。土质要求不严格，正常情况全部成活，25～30天成苗。

北京地区一般在4月底、5月初定植。温室四季均可定植，温室定植后，可连续收获1～2年。

42. 紫背天葵可以多次收获，北方怎么种？

紫背天葵又称红风菜、观音菜、天青地红、水前寺菜，见图2-40、图2-41。紫背天葵是菊科三七草属草本植物，热带地区为多年生，北方地区露地无霜期内生长。其为我国原产，四川、台湾栽培较多。紫背天葵抗逆性强、栽培甚易、营养丰富、口味也不错，是值得大力推广的一种蔬菜。

多年生草本，高50～100厘米，全株无毛。茎直立，柔软，叶片倒卵形或倒披针形，长5～10厘米，宽2.5～4厘米，顶端尖或渐尖，边缘有不规则的波状齿或小尖齿，稀近基部羽状浅裂，上面绿色，下面紫色，两面无毛。紫背天葵属喜温类蔬菜，性喜温暖潮湿环境，低温下生长缓慢，植株遇霜而亡，喜肥力充足的土壤。

一次栽培可以连续收获，因收其嫩茎尖，故而即使延迟收获，产品也不会老。耐高温高湿，耐弱光，在北京的炎炎夏季，却显盎然生机，为8月、9月的淡季供应又提供了一个品种。低温适应性好，在北京的冬季节能日光温室能够正常生长，但温度不能低于0℃，否则死亡。故节能日光温室可长年栽培，四季供应。一般8—9月育苗定植，进入冬季后开始采收，可一直收获至第二年秋季再换茬。

图2-40　紫背天葵单株

图2-41　紫背天葵田间

43. 彩色花椰菜都有哪些颜色和品种？

彩色花椰菜包括紫色花椰菜、黄色花椰菜、绿色花椰菜等系列色彩鲜艳的花椰菜品种，彩色花椰菜是从普通花椰菜中分离、选育出的一类色彩特异的品种，见图2-42。其与普通花椰菜同属十字花科甘蓝类草本植物。花椰菜成熟的花球横径一般为20～30厘米，由肥嫩的主轴和众多的肉质花梗组成主要的产量部分。彩色花椰菜颜色的特异代表了其所含营养物质的差异，绿色含有大量的叶绿素，金黄色的所含β-胡萝卜素更是高于普通花椰菜，紫色的

图2-42　彩色花椰菜

则花青素的含量很高，这也表明了彩色花椰菜的营养含量要高于普通花椰菜，食用方法上也更加丰富。除作为商品销售外，还可以上盆做成家庭小菜园栽培或观赏栽培。彩色花椰菜栽培方法与普通花椰菜一样。

（1）紫色花椰菜（紫菜花）。紫色花椰菜最早是从国外引进，目前国内也有选育成功的紫色花椰菜新品种。因为花球为艳丽的紫红色，给人一种悦目、富贵的感觉。紫色花椰菜的风味鲜美，营养丰富，富含蛋白质、维生素C，粗纤维少；此外，还含有维生素B_1、维生素B_2和蔗糖、果糖、硒等，能提高人体免疫功能，促进肝脏解毒，增强体质和抗病能力。紫色花椰菜含有特殊的生物活性物质——花青素，被医学界和营养学家认为具有抗氧化、防衰老、防癌等作用。花青素是一种水溶性天然色素，是一种高效的抗氧化的自由基清除剂。因而常食紫色花椰菜可达到抗衰老、防肿瘤、降血压等功效。由此可见，紫色花椰菜是一种营养价值高、具有保健作用的新型蔬菜。紫色花椰菜适合加工和鲜食，做色拉菜口感特好，无论怎么煮，紫红颜色鲜艳不变。紫色花椰菜货架期长，是深受市场欢迎的特色花椰菜新品种。

紫色花椰菜——1638：由日本武藏野种苗株式会社选育的杂交一代，中晚熟紫色花椰菜，耐寒，抗病，生长势强，纯度高，生育期105天，半圆形花球，呈深紫色，颜色鲜艳，花球饱满、规整漂亮，一致性好，重0.7～1.1千克（图2-43）。

（2）绿色花椰菜。方吉奥是由法国clause公司选育的中晚熟绿色花椰菜，喜冷凉气候、耐寒性强，生长势旺，叶直立，花球紧实、呈半圆形、深绿色，生育期110天，根据收获期不同单球重0.5～1.5千克（图2-44）。

（3）黄色花椰菜。黄色花椰菜是国外最新育成的特色花椰菜，花球颜色为诱人的橘黄色，营养丰富。除具有普通花椰菜所含营养外，花球所含β-胡萝卜素、叶黄素更是高于普通花椰菜，所以花球呈现橘黄色。它为非转基因，颜色自然、鲜艳，且不易褪色，色彩新颖、诱人，口感清新，可以和其他颜色花椰菜搭配做色拉食用，色、香、味俱佳，更能增加食欲。可以精品包装，更显高贵气质。

图2-43 紫色花椰菜——1638

图2-44 绿色花椰菜——方吉奥

日落是法国clause公司选育的橘黄色花椰菜，中晚熟，喜冷凉气候，耐寒性强，生育期110天，口感爽脆，花球呈半圆形、橘黄色，结球紧实，适合秋季栽培，根据收获期不同单球重0.5～1.5千克。该品种对钙敏感，需补充叶面钙（图2-45）。

图2-45 黄色花椰菜——日落

44. 紫白菜是什么白菜品种？

紫白菜是从韩国引进的特色、优质、高档大白菜系列新品种，由紫甘蓝与大白菜杂交而成，外观漂亮，色彩鲜艳，叶片呈鲜艳的紫红色，叶柄白色，口感翠嫩，品质好，商品性佳，适合生食、凉拌沙拉等，也可以熟食，加热后紫色变浅，见图2-46、图2-47、图2-48。目前，紫白菜世界各地均有种植，广受消费者喜爱，是人气最旺的优质大白菜品种，生产效益高，种植面积逐年扩大。因杂交方式与父母本的差异，有的品种外叶暗紫，芯叶紫红；有的品种内外叶都呈紫红色。紫白菜品

图2-46 紫白菜单株

种均是由韩国johnny's Selected Seeds育种，销往的地区不一样，名称也有不同，销往欧洲叫Red Dragon（红龙），销往中国叫紫宝、紫裔，销往新西兰叫汉拿山。

图2-47　紫白菜红龙切面

图2-48　紫白菜田间

紫白菜为中熟品种，定植后70天左右成熟。株高55～60厘米，球高50厘米，单球重1.2～1.5千克，抗病性较好，对钙敏感，缺钙易引起干烧心等生理障碍。不耐高温，怕热，高温多湿引起结球障碍；冬性差，不耐抽薹，当夜间温度低于13℃时播种、移栽，容易抽薹，光照不足妨碍花青素的合成，出现返青现象。

紫白菜与普通大白菜种植方式基本相同，露地与保护地均可种植。露地适宜秋季延后种植，8月中下旬直播播种或播种育苗，紫白菜更适合大棚、温室等保护地种植，保护地种植能有效地提高品质，控制病虫害的发生，提高商品率。播种方式如下：

直播：夏秋季节露地一般采用直播的方式，北京地区播种时间一般在8月中旬，每亩用种100～150克，种子用量大，不太经济。

育苗移栽：亩用种量50～60克，播种在营养钵中，一穴1～2粒，也可以播苗床里，70～80米^{2}苗床可以满足一亩地的用苗。

三、轻简高效栽培技术应用

45. 东西向栽培是日光温室轻简化栽培的发展方向?

设施农业是利用工程技术手段和工业化生产方式，为植物生产提供适宜的生长环境，使其在最经济的生长空间内，获得最高的产量、品质和经济效益的一种高效农业。

规模化发展的要求：随着我国设施农业的发展，逐渐从一家一户的小农经济模式，转变成规模化的生产，从外观上来看，从原来塑料大棚和拱棚，逐渐发展为日光温室和连栋温室，其空间和结构发生了巨大的变化，自然其操作方式也相应地需要改变。

农民的要求：首先是老龄化或高龄化的现象，俗称“3860”部队，即年纪在60岁以上，并且妇女居多。从体力上，这些农民难以进行高强度的劳作，急需翻耕、起垄、除草等农艺机械设备；从脑力上，其文化程度低，也难以吸收、理解和掌握现代的生产技术与思想。

温室东西向栽培也可称作长向栽培，就是沿着温室的最长方向开展栽培的方法，由于通常温室都是坐北朝南，习惯上是南北种植，可改为东西方向种植，种植方向的加长极大地有利于开展各种机械设备的操作（图3-1、图3-2）。该栽培技术已经在北京、河北、山东等地开展示范，并且取得了较好的效果。温室东西向栽培具有增加种植面积，减少劳动力，节水节肥，便于精细化、标准化管理等优点，为轻简化发展提供方向，在未来现代农业生产中具有广泛的应用前景。

图3-1　生菜的东西向栽培

图3-2　机械化起垄

46. 叶菜类蔬菜在温室东西向栽培有什么好处?

温室内叶菜类蔬菜传统栽培方式一般是南北向低平畦种植，畦宽1.2～1.5米，过道为隔水垄，宽20～30厘米，畦上撒播或行播，浇水多采取大水漫灌方式，这样布置的种植畦较为短小，灌水时容易均匀一致，因此被广泛采用。但是随着节水灌溉技术的普及，这种做畦方式已经不再适用，最佳的改变方式是改变做畦方向。

东西向种植畦构建的要点及优势：

①畦式。将南北向低平畦改变为东西向高平畦，可省去温室北部过道，增加7%～8%的种植面积。

②机械。利用开沟机做畦，安装轨道运输车等操作平台，减少人工。

③灌溉。将大水漫灌改变成畦上（膜下）滴灌，水肥一体化节水节肥，温室内湿度降低，病害发生概率降低。

④定植。将人工定植改变成小型移栽机（或定植打孔器）定植，株行距可调，深浅可调，定植整齐，效率提高。

⑤管理。沿温室内等温线、等光线差异化管理，管理更加精准，生长趋于均衡，优质品率提高。

⑥收获。分畦收获，利于机械化、标准化采收。

目前，已经在北京大兴长子营镇、房山韩村河镇分别实现叶菜、果菜等东西向栽培，并在山东、河北等地开展示范工作（图

3-3)。每茬劳动投入降低20%～30%，节水节肥30%～50%，增加效益700～1 000元/亩。

图3-3　叶菜类蔬菜东西向栽培模式

例如在大兴基地，可以根据时节、温室结构、生菜品种不同，分别实现如下的模式：

①畦宽85厘米，沟宽25厘米，深10厘米，5畦，每畦4行菜，两两交错定植，行距22厘米，株距35厘米。

②畦宽60厘米，沟宽20厘米，8畦，行距25厘米，株距35厘米，滴管带1根。

③畦宽60厘米，沟宽20厘米，8畦，行距30厘米，株距35厘米，交错定植，每畦2行滴灌。

47. 果类蔬菜能在日光温室进行东西向栽培吗？

经过多年实践检验，日光温室果类蔬菜是可以采用东西向栽培的。

与叶菜类蔬菜相比，果类蔬菜采用东西向栽培最大的问题是株高较高，东西向栽培会产生南北（前后）的遮光，进而影响生长和产量。

因此，番茄东西向栽培首先需要解决株高的问题。措施有2个方向，第一是降低株高，增加密度；第二是降低密度，提高株高。在华北光照不是太强烈的地区，适宜采用降低株高、增加密度的方式。以华北地区为例，试验表明，采用密度增加1倍、株高降低50%的方法，留果穗数至2～3穗，密度增加到4 400株/亩，连续3年产量可以达到9 300千克/亩；水肥的投入与习惯相比可以降低30%～50%，劳动投入降低20%，实现了番茄东西向栽培高产高效的轻简化生产(图3-4、图3-5)。

温室茄子（图3-6）和黄瓜（图3-7）则不用采取改变株高的方式，仅需将原来一侧放置灌水施肥设施改为温室中部滴灌施肥，使滴灌更加均匀，产量与习惯南北向栽培相比没有下降，水肥投入和劳动投入相应地都会减少。

果菜实现东西向栽培为温室推进机械化生产提供了重要的技术支撑，值得在北方大力推广。

图3-4　日光温室东西向栽培番茄果实膨大期

图3-5　设施东西向栽培番茄成熟期

图3-6　温室茄子东西向栽培

图3-7　温室黄瓜东西向栽培

48. 日光温室蔬菜间套作栽培效果怎么样?

间套作是指在一块地上按照一定的行株距和占地的宽窄比例种植几种农作物。一般把几种作物同时期播种的叫间作，不同时期播种的叫套种（图3-8至图3-11）。

图3-8 直立生菜和胡萝卜间作

图3-9 茄子和大葱间作

图3-10 设施葡萄与韭菜套种

图3-11 番茄生长前期套种生菜

间套作是我国农民的传统经验，是农业上的一项增产措施，在我国农业生产中占有重要地位。它是集约化生产地区普遍采用的一种种植方式，其目的是在有限的时间内、有限的土地面积上获得两种以上作物的经济产量，降低逆境和市场风险。间套作由于具有充分利用资源和高产、高效的特点，将在未来农业可持续发展中占有越来越重要的地位。设施栽培也可以根据不同蔬菜种间的形态结构及养分吸收等特点，进行间作或者套种，增加产量，减少生产资料投入，间套作是环境友好型种植模式。

设施间套作的优势：①由于不同作物生态位差异，能充分利用空间、土地、养分、水分及气候资源，提高复种指数，提高生物总产量；②高秆作物由于通风透光条件好，具有明显的边行优势；③提高生物多样性及土壤质量，减少病虫害；④减少施肥及农药用量，降低环境污染。

设施间套作可能的问题或缺点：①操作及管理较单作烦琐；②矮秆作物与高秆作物进行间作会产生边行劣势；③间套作作物选择一定要考虑适宜性，否则会产生作物间争夺水分、养分等矛盾，注意协调作物对光、肥、水需求。

49. 设施草莓与什么作物可实现套种栽培？

目前，草莓套种的作物品种多种多样，套种的模式各不相同，主要以改良土壤、增加作物品种的选择性、提高经济效益为主要原则选择套种的作物种类，套种品种比较多的有洋葱、玉米、大蒜、西瓜、萝卜、番茄、生菜等。洋葱和大蒜种植过程中，根系能分泌杀菌物质，对土壤起到改良作用；鲜食玉米采用密植方式，在采收完后进行秸秆粉碎还田，能够提高土壤的有机质含量；套种西瓜和高品质番茄能够大幅度增加经济效益。套种模式主要在畦面上两行草莓中间进行定植或播种作物，还有在草莓畦面死苗的位置上套种，有的在温室前后脚进行套种，有的在高架上向下垂钓式套种。

在草莓套种过程中需要注意以下几点：一是在不影响草莓生产的前提下选择对草莓生长有一定促进作用的作物进行套种，如对土壤有改良作用的洋葱、大蒜、玉米等；二是套种的作物与草莓所需要的环境条件相差不大，两者能在同样的条件下共生，如选择套种西瓜应在3月初进行定植；三是尽量避免共生病虫害的发生，套种的作物与草莓有一段时期的共生期，要做好二者共生病虫害的防治，或者尽量避免选择共生病虫害较多的作物进行套种；四是选择适宜的品种、确定套种的密度、采取合适的植株调整技术和栽培管理技术等。

目前，常见的套种模式主要有草莓套种洋葱、套种鲜食玉米、套种水果苤蓝、套种羽衣甘蓝、套种小型西瓜几种。

草莓与洋葱（图3-12）是一对很好的搭档，可以称为伴侣植物。草莓套种洋葱具有多方面好处，尤其是对土壤的改良和有害菌的抑制作用。通过对套种洋葱后的草莓温室进行土壤检测，洋葱分泌的物质对土壤中的有害病菌类有较强的抑制作用，套种洋葱能有效降低土壤中腐霉菌、疫霉菌、镰刀菌及青枯菌的数量，腐霉菌减少28.5%，对疫霉菌的抑制率达27.0%，对镰刀菌的抑制率达33.3%，青枯菌的数量降低了44.1%。同时，草莓和洋葱对生长环境要求一致，同属浅根系植物，要求土壤疏松、肥沃且湿润，温度在20～25℃，喜光；草莓后期施入较大量的钾肥，正好满足洋葱对钾肥的需求，套种下的洋葱口感好，没有辣味，适宜生食。

图3-12　草莓套种洋葱

鲜食玉米作为禾本科作物，能够吸收草莓种植中过多的肥料，更可作为绿肥旋到土壤中，对土壤进行改良，增加有机质含量。且通过对传统套种的玉米（图3-13）进行技术改良，选择口感好的鲜食玉米品种、增加套种的密度、直播与育苗相结合等，提前采收、增加经济效益。

水果苤蓝和羽衣甘蓝属于十字花科作物，十字花科作物经过生长、发酵后散发的物质，有助于减少连作障碍。羽衣甘蓝因其外形艳丽，宛若盛开的花朵，十分吸引人的目光，且观赏期长，低温情况下更利于叶片的转色，因此与草莓套种相得益彰。草莓套种羽衣甘蓝（图3-14）可对草莓日光温室进行一定程度的美化，吸引前来游玩采摘的游客。

图3-13　草莓套种玉米

图3-14　草莓套种羽衣甘蓝

50. 哪些蔬菜可以进行软化栽培?

软化栽培是利用蔬菜器官的一些特性，使其在黑暗或弱光条件下生长并形成品质更加脆嫩的产品的栽培技术。软化后可以形成一个新的产品，其颜色、形状、品质都会有一些变化。如韭菜通过软化栽培变成了韭黄，大蒜经过软化栽培变成了蒜黄，菊苣的根株经过软化栽培形成了菊苣芽球。白菜、结球甘蓝、结球生菜等属于天然软化的产品，黄豆芽、绿豆芽等黑暗条件下生产的芽菜也是软化蔬菜产品。软化栽培可以因地制宜地形成很多高档优质的蔬菜产品，主要有以下几种类型：

越冬蔬菜：北方地区凡是越冬的叶菜类蔬菜都可以在早春进行软化栽培，通过培土、扣盆等手段就可以获得软化产品，如韭菜、芦笋、蒌蒿（图3-15)、陆生水芹、大黄、蒲公英、欧当归等。

图3-15　软化蒌蒿

根茎类蔬菜：典型的如软化菊苣（图3-16)、萝卜芽、甘薯芽、姜芽、根芹芽等。土豆、山药等也可以形成软化芽，但因有毒或食用性不好，所以不能食用。

正在生长的蔬菜：当芹菜植株形成到一定大小的时候，用培土、夹板、过黑膜的方法，使其后出的叶处在弱光或黑暗下生长，从而获得白色的叶柄（图3-17)。苦苣在形成莲座叶以后，在中心扣上瓦

图3-16　软化菊苣

图3-17　软化芹菜

盆或纸筒（温室内），植株的中心即可形成白色的软化产品。

51. 芹菜双株栽培的优势是什么？

芹菜的双株栽培是实现芹菜轻简化栽培的一个重要手段。传统的芹菜种植，每亩需定植2万～3万株，相对于一般定植5 000株/亩的蔬菜，用工量、用工强度大大增加。面对目前的用工荒、老龄化问题，芹菜的定植成了芹菜种植上最难的问题。

普通芹菜栽培，一般行株距为20厘米×15厘米，2.2万株/亩，如果用双株栽培，行株距30厘米×20厘米，定植密度仍是2.2万株/亩，定植的劳动量降低了50%，效率提高了50%，穴盘育苗也节省了50%，最终收获的时候也省工省时（图3-18）。

图3-18 芹菜单株与双株栽培对比

配合芹菜双株栽培（图3-19、图3-20）的关键技术要点如下：

①选用直立性强、株型紧凑的西芹品种，如广良文图拉、奥尔良、皇后等。

图3-19 芹菜双株定植

图3-20 芹菜东西向高平畦双株栽培

②机械化、专业化、集约化穴盘育苗，128孔穴盘，每穴2株。

③温室东西向、冷棚南北向机械做高平畦，畦宽1.4米，畦面宽1.0米，机械做畦大大地提高了工作效率，省工、省时。

④畦面铺设2条滴管带，温室东西向、冷棚南北向长畦铺设，节省主管道、控制开关等资材，又省工、省料、省时。

⑤使用滴灌设施，实现了水肥一体化，节水、节肥、省工、省力。

⑥双株栽培，行株距30厘米×20厘米，定植密度大大缩减，省工、省力、省时。

⑦高平畦、双株稀植栽培，通风、透光、水分均匀，不易发生病害。

52. 水旱轮作栽培真的能减少连作障碍吗？

目前，常见的水旱轮作模式为上半年设施内种植番茄、西瓜、甜瓜等旱生蔬菜，下半年则在揭除薄膜后露地种植水稻；秋冬季旱地种植设施草莓（图3-21），春夏季蓄水种植水稻（图3-22）。或旱生蔬菜结束后，蓄水种植蕹菜（又称空心菜）（图3-23）、水芹、豆瓣菜、莲藕、茭白、荸荠、慈姑、菱等适宜浅水栽培的水生作物。一般而言，水生作物应生长在全年的高温期，不施肥或后期少量施肥。

图3-21 秋冬季大棚内种植草莓

图3-22 设施内春夏季淹水种植水稻

图3-23 水旱轮作蕹菜

设施蔬菜水旱轮作的优势：

①防止土壤盐渍化、酸化。在水旱轮作中，水生作物种植期，土壤大量灌水，耕层中残留的养分和盐分会随水下渗，洗盐、压盐效果显著，能有效防止土壤盐渍化。淹水条件也会提升土壤的pH，缓解土壤酸化。

②改善土壤肥力。水旱轮作季节性的干湿交替会使土壤的氧化还原作用交替进行，进而改变土壤养分的形态与有效性，改善土壤

肥力状况，避免养分失衡，有利于当茬与下茬作物生长。

③减轻病虫草害。水旱轮作模式大幅度改变原土传病害适宜的生活环境，使病虫害和杂草的共生性减少，有利于增加土壤中有益微生物数量和活性。

④提高产量、品质，增加收益。设施蔬菜水旱轮作模式能很好地克服连作障碍，有利于植株的健壮生长，提高产量，减少化肥、农药的使用，提高产品品质，提高经济效益。

水旱轮作可在具有良好的灌排系统、较好的储水能力、能加高加固的田埂、可提前覆膜升温等措施条件的设施蔬菜基地进行推广应用，条件不满足不宜施行。

53. 叶菜类蔬菜线播技术有啥特点?

蔬菜播种方式分为直播和育苗两种。叶菜类蔬菜因生长期短、种植密度大等，除花椰菜、甘蓝、生菜等采取育苗外，其他大部分叶菜常采用直播方式播种。直播有散播、沟播、点播等。线播是新兴的一种直接播种方式，它利用编织机械将种子先编进线绳，也就是种子带里，然后用播种设备将线绳铺到土壤里完成播种（图3-24、图3-25、图3-26）。

线播主要特点：

①节省人工。线播借助机械来完成播种，而其他直播方式主要由人力完成。线播播种速度快，提高工作效率，并降低劳动强度。线播还可减少1～2次间苗，播种和间苗环节亩节省人工300元以上。

图3-24　线播卫青萝卜田间长势

图3-25　线播芹菜田间长势

图3-26　线播芹菜品相突出

②节约种子。线播能够比较简便地实现定量、定位精量播种。发芽率超过95%的品种，可直接按实际田间株距进行编织，可节约用种量1/3。如青萝卜亩节约种子250～300克，节本250～300元。

③线播出苗整齐，蔬菜品相好。线播采用机械化操作，标准化程度高，株距均匀，秧苗整齐，长势一致。芹菜采用线播，成品茎基部洁白紧实，茎秆含水量高，单株重增加，改善了商品品相。

④线播可以和覆盖地膜、铺滴灌带、起垄等其他农事操作结合进行。线播机械发展较快，很多机械向多功能发展，线绳播种的同时，可以铺设滴灌带，或起垄，或覆膜，轻简化程度不断提高。

线播技术注意事项：

①根据种子发芽率和株距编织线绳。七星等青萝卜发芽率为90%，生产上，普遍采取8～10厘米粒距进行种子带编织，在田间间苗1次，最终株距25～30厘米。红心脆梨萝卜发芽率96%以上，一般按生产中实际株距20厘米进行编织。芹菜、油麦菜等叶菜采取5～6厘米粒距进行种子带编织，每个点2～3粒播种。

②提高整地要求。为保证种子出苗率高、整齐度好，线播地块要求种植前土壤要精细整地，保证土壤要疏松细碎，同时要求畦垄面平整，以便种子带铺到地上也能保持水平，并且与土壤充分接触。

③第一次水要浇透。与普通种子直播相比，该播种方式增加了一层纤维包层，因此，为保证出苗良好，要注意种植后第一次水一定要浇足浇透。建议线播与水肥一体化技术相结合，节水、节肥、节省人工，实现轻简高效。

54. 胡萝卜线播比传统种植播种有什么优势？

传统胡萝卜采用平畦种植、种子撒播、大水漫灌，水肥管理粗放，生产出来的胡萝卜能够达到精品标准的少之又少，一般亩产量只有1 500千克左右，农民收入低，无法实现产业化。而胡萝卜精品种植，采用精品胡萝卜品种，利用种子带编织机编制种子带，采取线播技术精量播种，利用水肥一体化技术进行科学水肥管理，实现胡萝卜生产的高商品率，亩产量可达到4 000 ～ 5 000千克，可以大幅提高农民收入，促进农民增收（图3-27、图3-28）。

图3-27　精品胡萝卜

图3-28　胡萝卜线播

随着精品胡萝卜种子价格的提高，胡萝卜线播技术的优势就体现出来，具体表现为：

①节约种子。传统人工撒播用种量约500克/亩，而采用线播技术用种量200 ～ 250克/亩，亩节省用种量200 ～ 300克。

②节省人工。线播使用线播机完成播种，撒播方式主要靠人力完成。线播播种速度快，工作效率高，2人一天可播种15亩。线播还可减少1 ～ 2次间苗，播种和间苗环节亩节省人工300元以上。

③线播可以和起垄、覆膜、铺滴灌带相结合，一次性完成上述操作，省时、省工。

精品胡萝卜线播技术与管理要点：

①地块选择。选择水源充足的沙壤土地块进行种植为宜。

②播种。旋地30厘米，利用种子带编织机，每5 ～ 6厘米为一个点，每点1粒种子，亩密度30 000 ～ 32 000株，播种量每亩150 ～ 200克。播种采用线播机，种子带和滴灌带一起铺到垄背上，一天可以播种15亩左右。

③苗期管理。播种后，用滴管先浇一遍大水，要浇透；之后，需要勤观察，只要土壤干燥，则需要浇一遍，这时不用大水，亩浇

水量5～6米^{3}即可，直到苗出齐。

55. 果类蔬菜简易基质栽培如何进行？

果类蔬菜简易基质栽培是利用改良小高畦形制，采用开袋式基质栽培，用两片黑白膜包围，底部留10～15厘米宽的缝隙，上铺无纺布，起透水、透气、隔根的作用。基质上单行种植，并设双行滴灌带，隔株V形吊蔓。定植好后，黑白膜从上部合拢，中缝用嫁接夹夹住（图3-29）。

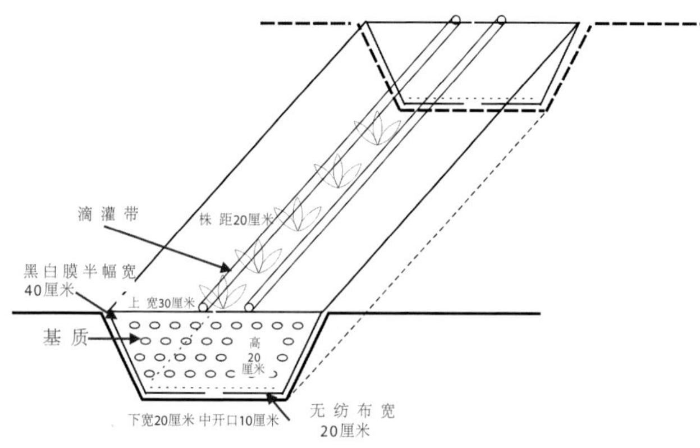

图3-29　果类蔬菜简易基质栽培示意

果类蔬菜简易基质栽培具体实施方法（以番茄为例）：

（1）材料准备。黑白膜，包基质用，宽50厘米，按2片/畦准备；地布，覆盖过道用，宽1.2米，按1片/畦准备；40克无纺布，栽培沟底部限根用，宽40厘米，按1片/畦准备；嫁接夹，夹黑白膜，按1株苗1只准备；栽培基质和灌溉设备。

（2）施工操作。温室内按1.5米的间距做开挖小沟，沟深20～25厘米，下底宽20厘米，上口宽30厘米，把两片黑白膜向上平铺在栽培畦内，两膜中间留10厘米间隔，再以中部间隔为中心将无纺布平铺在畦底，铺好后将基质填入栽培畦内（图3-30）。基质平理整齐后，安装两条滴灌带，浇透水后在畦中部按20厘米的株距定植番茄苗，定植好成活后，把黑白膜从上部合拢，中缝用嫁接夹夹住（图3-31、图3-32）。

（3）植株管理。同畦内的番茄植株以株为间隔按V形吊蔓，以增加透光性。种植期病虫害防治主要采取物理措施，如防虫网、黄蓝板等，必要时施用安全生产允许使用的药剂，并严格在安全期内用药，其他整枝、打杈、授粉、疏果等管理同常规方法（图3-33、图3-34、图3-35）。

图3-30　开挖小沟

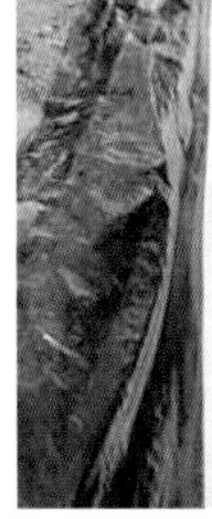

图3-31　铺膜

图3-32　填基质并与底肥拌匀

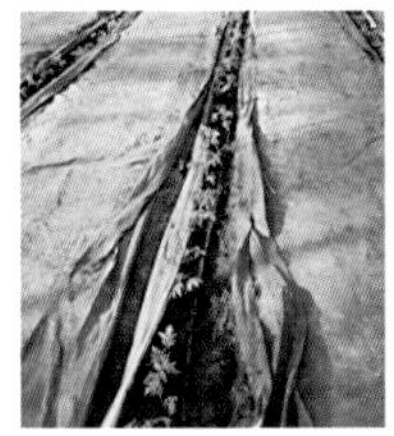

图3-33　中部定植幼苗

图3-34　隔株V形吊蔓

图3-35　种植后的效果

56. 设施草莓的简易基质栽培如何进行？

这里介绍一种简易的设施草莓基质栽培模式：

（1）栽培槽选择。基质槽可以选用聚氯乙烯（PVC）栽培槽，利用水平仪器做好坡度，一般为0.5%的坡度，栽培槽选用上宽30厘米、高度24厘米、底宽20厘米的PVC栽培槽（图3-36）。

（2）基质选择。将进口的椰糠、椰块、草炭按照体积比4∶3∶3混合，配制成轻型基质，填装到栽培槽内。一般进口椰糠的初始电导率（EC）高达3毫西/厘米以上，因此装槽后必须进行洗盐处理。

（3）底肥施用。商品生物有机肥作底肥，用量按基质体积比计算大约占5%（或者按每株草莓计算为5～10克），撒施到基质中翻拌均匀。

（4）安装滴灌设施。一般选择滴头间距20厘米，基质栽培需要少量多次的灌溉，一次5分钟，一天2～3次。

图3-36　简易基质栽培基质槽的建设

（5）品种选择。幼苗可选择根茎粗度在10厘米左右、矮壮敦实、无病虫害的营养钵苗。夏季草莓可以选择美国品种蒙特瑞，冬春季草莓可以选择红颜或者香野（图3-37、图3-38）。

图3-37　简易基质栽培基质槽草莓定植后

图3-38　简易基质栽培基质草莓前期生长状况

57. 草莓半基质栽培如何操作？

半基质栽培模式栽培槽截面呈梯形，下部将土壤回填成三角形，上部铺设基质，其结构如图3-39所示。具体参数为：下底宽60厘米，上底宽40厘米，地上部高35厘米，长度根据每个大棚的实际情况而定，一般长6.5米，农户使用中有长度达7～7.5米的。400米^{2}标准温室原则上建45～50个栽培槽。

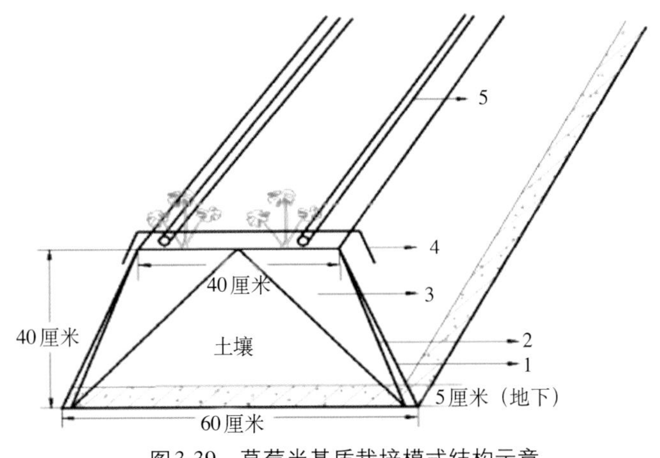

图3-39　草莓半基质栽培模式结构示意

1.板材　2.PVC膜　3.基质　4.银灰膜　5.滴灌系统

半基质栽培模式，与传统土壤栽培模式相比，具有克服连作障碍、提升草莓产量及品质、减轻劳动强度的优势；与基质栽培模式相比，具有保水性和保肥性强、改善微量元素供给、减少基质使用量、降低生产成本的优势。此外，半基质栽培模式作为新型栽培模式还具有增加经济效益、外形美观、持久耐用且更适合都市型现代农业的特点。

半基质栽培模式的具体操作方法：

（1）栽培槽安装。栽培槽为南北搭建，长度根据温室实际跨度，栽培槽地下掩埋5厘米，地上留35厘米，挡板与等腰梯形堵板上、下底持平，完成栽培槽的搭建。安装时挡板拼接口放在栽培槽两端，堵板放在两侧挡板之间，夯实地下掩埋板四周土壤。

（2）铺设内膜、回填土壤。槽体内部覆膜应选择厚度为0.08 ~ 0.12毫米的PVC膜，要求覆盖整齐，没有脱落、破损等情况。不要使用过软的地膜，否则栽培槽使用过程中板材易起绿苔，影响使用寿命。回填土壤为三角形（图3-40），栽培槽内土量不要太少，至少达到槽体的2/3，上部基质应占1/3。若回填土量太少，增加基质使用量、提高栽培成本的同时，还会影响半基质栽培的效果。

（3）基质装填。基质填充紧实，略高于栽培槽，同时保持栽培槽整体完整，没有变形、开裂等情况。基质组成为草炭、蛭石、珍珠岩（混合比例为2 ∶ 1 ∶ 1）。混合基质填装前需加入细沙，灌水增湿，适当加入有机肥。重复使用的基质填装前必须彻底清洗，加入适量珍珠岩。填装时基质要呈馒头状（图3-41），以免灌水后基质沉降过多，低于栽培槽，导致栽培植株折枝。

图3-40　土壤回填成三角形

（4）日常管理。半基质栽培植株生长旺盛，种苗建议选择裸根苗，以防使用基质苗出现徒长问题。半基质栽培模式下部土壤层具有良好的保水性，浇水频率相较于高架基质栽培可适当减少，一般以3 ～ 5天浇水一次为宜，每亩浇水量为0.5 ～ 0.8吨。每隔10天随水追施肥料1次，每亩施用量1 ～ 1.5千克。其他生产管理措施与土壤栽培的草莓基本一致（图3-42）。

图3-41　基质填装呈馒头状

图3-42　半基质栽培草莓生长情况

58. 设施采摘式栽培模式需要注意什么？

采摘式栽培虽与常规栽培大体相同，但在品种选择、栽培方式、肥药管理、收获时期、田园清洁等方面有独特之处，种植时需要注意：

（1）品种选择。果实的品质是吸引顾客的关键因素，应考虑当地土壤条件、气候条件、管理条件，选择口感好、品质佳的优良品种。品种要多样化，具有观赏性，满足不同人群的采摘观光需求。

（2）种植茬口。应结合旅游淡旺季安排种植茬口，成熟期与采摘期相匹配。无明显淡旺季的，要注意茬口多样化，保障产品周年供应。

（3）设施配套。种植设施的建设要以方便采摘为核心，如种植畦过道应适当加宽，低矮作物采取高架基质栽培，果树种植要适当矮化等。

（4）肥药管理。采摘的果品经常现场直接入口品尝，品质要求高，不能有任何农药残留，肥药要采取完全绿色的管理方式。施肥以充分腐熟的农家肥为主，可少量配施无机肥料，平衡施肥，不要过量施肥。植保管理强调以物理防治、农业防治、生物防治为主，不用或少用化学农药，用药时要科学合规。

（5）田园清洁。农机农具归放整齐，残枝老叶及时清理，过道与地面铺设地布防尘，从各方面保证田园的卫生与整洁，给游客留下良好的印象。

（6）采摘工具。适当配备方便采摘的篮、盒、袋等包装，以及可供清洗、品尝的器皿等工具（图3-43、图3-44、图3-45、图3-46）。

图3-43 采摘式栽培的作物品种兼顾观赏与品质

图3-44 设施葡萄采摘式栽培

图3-45 草莓高架栽培十分符合采摘要求

图3-46 采摘式栽培过道适当加宽并铺设地布

59. 设施观光式栽培都有哪些类型？

设施观光式栽培模式主要有以下几种：

（1）园林化栽培模式。把常规栽培的各类农作物与园林景观结合，塑造微地形景观，形成具有艺术造型的亭、廊、阁、墙等（图3-47）。

图3-47　观光廊架

（2）生态化栽培模式。利用各种农作物的株型、叶形、花色、果实等的可观性，不同作物的高矮、直立与蔓生、喜光与耐阴、早熟与晚熟等生物学特性进行搭配种植，同一地块上能欣赏到多种作物个体和群体错落有致的景观，体现植物的多样性与不同的生态占位。

（3）微型化栽培模式。选择个体比较小的特殊作物品种，或通过生理调控和农艺手段将高大作物微型化，结合不同艺术型容器，形成微型化栽培组合，既有很高的观赏价值，也方便展览销售。

（4）树式栽培模式。也称“巨型化”栽培模式，通过搭建不同造型“树式”构架，为蔬菜作物提供最佳环境条件、最大生长空间和适合的营养条件，使单株作物的生长量和高产潜能得到最大程度的发挥，培养出巨型植株个体，实现多结果、结大果的目的，形成震撼的观赏效果。番茄、茄子、辣椒、黄瓜、西瓜、南瓜、冬瓜、葫芦等作物都可进行树式栽培（图3-48）。

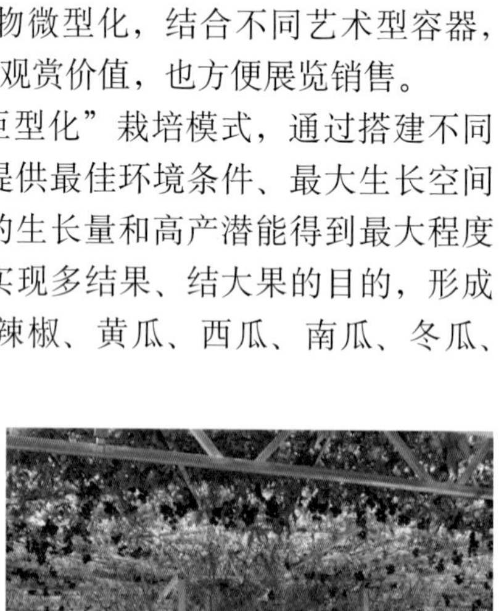

图3-48　番茄树式栽培

（5）立体无土栽培模术。利用工程和设备手段进行多种立体栽培，使平面种植延伸到垂直或斜面的立体空间栽培，提高温室空间及光热资源的利用率，塑造出许多实用化、艺术化的立体栽培景观，如立体管道式水培、墙面立体栽培、立柱式栽培、移动式雾培和盆栽吊挂式栽培等（图3-49）。

（6）工厂化栽培模式。设施环境要素相对可控条件下，采用各类基质栽培和水（雾）培等模式，利用成套机械化栽培设施和设备自动或半自动作业，实现育苗与栽培系统的周年性、全天候、反季节运行。工厂化栽培是设施农业的发展方向，在观光种植园内设置这些栽培模式，对提高园区的科普示范功能和观光效果都具有重要意义。

（7）植物工厂栽培模式。利用智能管理和电子传感系统对植物生长的温度、湿度、光照、二氧化碳浓度及营养液等环境条件进行自动控制，使设施内植物的生长发育不受或很少受自然条件制约的一种高精度栽培模式，代表着未来农业的发展方向（图3-50）。

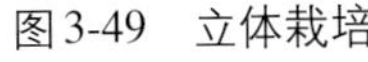

图3-49　立体栽培

图3-50　植物工厂

60. 设施内如何实现参与式栽培？

参与式栽培是将设施内的土地划分出小单元，城市居民以承租地块的形式参与种植，农民提供养护管理服务，收获产品归参与者所有，是都市居民参与农作的一种新模式(图3-51、图3-52)。

市民参与种植的形式多样，一般包括：

①自主管理。农场只提供地块、水源等基本条件，也不提供技术指导，所需农业资材及农具自行准备或向农场购买，承租者从播种到收获全程由自己管理，有很强的自主性，承租费用较低。

②托管服务。农场除提供基本条件外，免费提供农资、农具，进行技术指导，承租者根据自身时间自由安排参与种植管理，其他时间段由农场托管，承租者自己采摘收获，自由度较高，承租费用居中。

图3-51　种植单元有明显的边界

图3-52　参与式栽培就是要把汗水留在土地上

③家庭菜园。承租者自己制定种植计划，可随时参与种植管理，农场提供全部农资、农具，负责技术指导，全程进行操作管理，保证产品质量，除承租者自己采摘外，产品按期配送到家，并可参加农场活动，承租费用较高。

实施参与式栽培应注意以下几方面：

①农场选址要靠近城市周边，交通便捷，便于市民参与。农场内具备道路、餐饮、卫生间、引导指示牌、停车场等基础设施。

②农业设施、设备配置齐全，标准要高，尽量保证周年的种植生产，有条件可安装远程监控系统，方便监督管理。

③设施内种植单元要有明显的边界，承租地块标志明显，水源应单独控制，方便独立操作。

④配备农用工具的套数要增加，可保障多人同时开展劳动。

⑤技术员要经验丰富，农事指导及时到位。

⑥种植全过程绿色管理，保证口感与品质。

61. 设施番茄采用熊蜂授粉的优势是什么？

番茄种植过程中，授粉环节成为影响番茄品质与产量的重要因素之一（图3-53、图3-54）。

熊蜂是膜翅目、蜜蜂总科、熊蜂族、熊蜂属种类的总称，是多

图3-53　熊蜂授粉

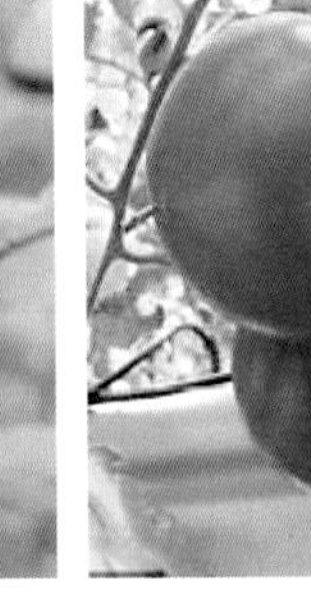

图3-54　熊蜂授粉番茄

种虫媒植物特别是豆科、茄科及一些濒危植物的重要授粉者。番茄采用熊蜂授粉的优势主要有：

①节省人工成本。人工参与授粉，使用震动棒物理授粉或者使用2，4-滴等人工激素蘸花，均需要耗费大量人力。授粉工作劳动环境艰苦、劳动强度大，我国青壮年劳动力短缺且人力成本高。采用熊蜂授粉方式，仅需要学习授粉技术后将蜂箱科学使用即可代替4～6周内授粉工作劳力。

②增产增收。有研究发现，熊蜂授粉比激素授粉总果数提高了13.01%，畸形果率降低了67.41%，单果重提高了90.83%，同时熊蜂授粉果实成熟高峰期比激素授粉早4天。这些数据说明利用熊蜂授粉，不仅可以提高产量，而且可以缩短果实成熟期。另外，熊蜂授粉的果实饱满，果形周正，颜色亮丽，种子多，口感好。

③环境友好。番茄喷施2，4-滴等生长素，既会造成激素污染果实，又会加重番茄灰霉病的发生。应用熊蜂授粉就可以避免激素带来的环境和果实污染，有利于生态环境的改善和消费者的身体健康。

目前，温室种植番茄在授粉环节存在的问题：

①密闭环境里基本没有自然授粉昆虫，空气流通较差，基本不能依靠风媒、虫媒为植物授粉。这种情况下，主要靠人工机械振动授粉或激素授粉，授粉效果差，成本高。

②温室材料透光性较差，导致温室内光照强度弱，不利花粉成熟和释放。由于上述原因，严重制约了番茄产量与品质。因此，在多种因素的制约下采取有效的授粉方式是提高温室番茄果实产量与

品质的有效途径。

③番茄植株上被满绒毛，且散发出特殊的味道，有粉无蜜，同时番茄花属于孔裂花朵，开花后需要振动才能使花粉从雄蕊上落到柱头上起到授粉作用，蜜蜂很少去采集。

62. 温室种植填闲作物有什么好处？

填闲作物是维持集约化种植体系土壤功能的生物途径之一。填闲种植是利用夏天6—8月高温多雨季节，温室蔬菜生产淡季，大部分处于敞棚休闲状态，种植生长较快的如玉米、牧草、叶菜、绿肥等作物，当作物达到一定的生长量时，在土壤翻耕前，将秸秆进行切割和粉碎，翻耕到土壤中（图3-55、图3-56、图3-57、图3-58）。

图3-55 采收填闲蔬菜可增加收入

图3-56 填闲玉米生物量大“拔地”效果明显

图3-57 耐热性好、生长速度快的作物适宜填闲种植

图3-58 填闲作物可适当密植

（1）种植填闲作物的优点。

①促使蔬菜与其他作物进行轮作，改变作物种类和栽培管理措施，使设施内病原菌和害虫的寄主发生变化，改变土壤生态环境和食物链组成，从而减轻病害，克服连作障碍的发生。

②改善土壤结构。填闲作物根系特点和深度与原作物完全不同，收获后的新鲜秸秆翻入土壤后快速分解，有助于提高土壤有机质含量，改善土壤物理性状。

③调节土壤肥力状况。填闲作物不用施肥，可以从土壤中吸收和消耗前茬蔬菜种植时残留的多余养分，并将土壤中无机态的养分固定为有机态，协调土壤养分供应关系，减少土壤剖面无机氮残留，降低含盐量，避免次生盐渍化的发生，维持土壤的化学稳定性，有利于蔬菜的连续种植和产量品质提高。

（2）种植填闲作物的方法要点。

①填闲作物的播种量应适当增加，可以是常规播种量的两倍或数倍，适当增加密度，可增加吸收面积，提高秸秆的产量，如种植玉米时可选择种子价格便宜、生长速度快、生长量大的青贮类型品种。

②种植填闲作物不以收获果实为目的，快速生长期应与处于夏季的高温多雨时节重合，种植期应尽量缩短，不影响下茬种植前的土壤消毒、翻耕与做畦等操作。因此，要合理安排播期，如5月底拉秧、播种，生长2个月，8月初开始消毒与做畦。

③填闲作物种植前期可以不揭除棚膜，保持温室内温度，有利于种子快速出芽和生长；在生长的中后期，要揭除棚膜，促进快速生长，并使土壤接受自然降雨冲淋。

④种植十字花科作物，如西兰花，将秸秆翻入土壤后可起到生物熏蒸和消毒的作用。

⑤种植玉米等作物，高度可达到2～3米，生物量较大，应先刈割成2～3段，再用旋耕机粉碎翻耕，防止一次性翻耕缠绕损伤机械。

⑥旋耕2～3遍，使秸秆与土壤充分混合，结合消毒和施底肥，覆盖地膜，提高土壤温湿度，加速秸秆腐熟分解。

63. 怎样利用穴盘进行速生蔬菜栽培？

穴盘速生蔬菜栽培是一种以育苗穴盘为容器，以草炭、蛭石等轻型基质为填充物，进行生菜、油菜、樱桃萝卜等速生蔬菜生产的栽培模式。在栽培管理上，主要包括以下几个环节：

（1）生产场地要求。可在不同季节，利用露地或大棚、日光温室、连栋温室等设施进行生产。生产规模较大时可采用田间大面积铺排栽培模式，有育苗条件的企业可直接利用育苗床架栽培，亦可设在家庭阳台种植，还可在土地少或外界环境条件恶劣、天气变幻莫测的海岛或边防。

图3-59　穴盘空心菜栽培

（2）品种选择。宜选择生长速度快、周期短的蔬菜种类，主要有空心菜（图3-59）、生菜、油菜（图3-60）、油麦菜、苋菜、樱桃萝卜（图3-61）等，以及一次播种可多次采收的韭菜、芹菜等。根据不同季节的气候条件、市场需求选择适宜的品种，需要注意的是叶菜类一般喜冷凉，尤其是生菜、芹菜遇高温易休眠不发芽，夏季生产需选择耐热品种。

图3-60　穴盘紫油菜栽培

图3-61　穴盘樱桃萝卜栽培

（3）穴盘选择。不同的蔬菜种类可根据成株大小进行穴盘选择，植株稍大的生菜、小白菜、空心菜、樱桃萝卜等可选择50孔穴盘，植株较小的油菜、奶白菜、油麦菜、苋菜等可选择72孔穴盘，而韭菜、芹菜幼苗期较长，播种时可先用200孔或128孔穴盘，长至2～3片叶再分苗到72孔穴盘中。

(4) 播种。选择发芽率高及发芽势强的种子，采用精密播种机进行播种，生菜、小白菜、油菜、樱桃萝卜等一穴一粒，韭菜、芹菜等一穴3～4粒。播种后覆盖蛭石，浇透水，以穴盘底孔有水珠渗出为宜。

(5) 生长期管理。出苗前，须根据不同蔬菜需求提供发芽适宜温度条件（表3-1），低温季节播种后夜晚需覆盖塑料薄膜增温保湿，夏季播种后覆盖遮阳网降温保湿。尤其是生菜、芹菜高于25℃时发芽受阻，易休眠，夏季播种前需进行低温浸种催芽。而空心菜、苋菜低于10℃不发芽，最好夏季种植。出苗后注意控制水分，防止徒长，幼苗一叶一心时，及时去除多余的小苗及杂草。浇水要均匀，应选择晴天上午进行。幼苗二叶一心后，结合喷水进行2～3次叶面喷肥。如果是多茬生产，收获后要浇1次肥水。在保护地生产时收获前3～5天应控制温度和水分，起到壮苗的作用，为以后收获和储存创造有利条件。需要注意的是，樱桃萝卜为根茎类蔬菜，对基质水分要求较为严格，当基质含水量降到40%时，即基质表面有点发干，应及时浇水，同样是清水、营养液交替进行。在肉质根膨大期，基质含水量应保持在60%～80%，水分不足会发生肉质根的外皮粗糙、味辣、空心等现象，浇水过多易出现裂口现象。

表 3-1　不同穴盘速生蔬菜生长适宜温度

蔬菜种类	生物学特性	发芽适温（℃）	生长适温（℃）
生菜	喜冷凉、耐寒	15～20	16～20
芹菜	喜冷凉、半耐寒	15～20	18～23
油菜	喜冷凉、较耐寒	20～25	18～20
小白菜	喜冷凉、半耐寒	22～25	12～22
韭菜	耐低温、不耐高温	15～18	12～23
空心菜	喜温暖、较耐热	15～30	25～30
苋菜	喜温暖、较耐热	22～24	23～27
樱桃萝卜	喜冷凉、半耐寒	20～25	15～20（叶丛生长） 13～18（肉质根生长）

（6）病虫害防治。穴盘速生蔬菜生长速度快，生育期短，且种植密度均匀，株间通风透光良好，病虫害发生相对较少，在管理上坚持“预防为主，综合防治”原则。第一，物理防治，在设施通风口和人员出入口设置50目防虫网阻隔害虫，在植株上方5～10厘米处悬挂黄蓝色板诱杀蚜虫、斑潜蝇、粉虱、蓟马等害虫，每亩设置中规格（25厘米×30厘米）30张左右，或大规格（40厘米×25厘米）20～25张，采用Z形均匀分布，东西向放置诱虫效果优于南北向。第二，天敌防控，可选用丽蚜小蜂、烟盲蝽、捕食螨等生物天敌，防治蚜虫、粉虱、蓟马等虫害。第三，药剂防治，根据病虫害情况应选用低毒药剂。预防立枯病、猝倒病、灰霉病等病害可选用多菌灵、百菌清等，防治粉虱、蓟马、蚜虫等虫害可选用藜芦碱、噻嗪酮等。

64. 口感番茄与普通番茄有什么区别？怎么种出来的？

口感番茄也称水果番茄，是指果实大小适中、风味浓郁、适于直接当水果鲜食的一类番茄品种，栽培技术与普通番茄不同。

一是要选择优良的品种。选择的品种要抗逆性强，最好具有黄化曲叶病毒、褪绿病毒、蕨叶病毒等的抗性基因；经过控水、控肥等措施胁迫栽培，大型果可溶性固形物含量达到6%、中型果达到8%、小型果达到9%。

二是要根据设施条件和品种抗病性确定茬口。以日光温室为例，越冬茬一般8月上中旬播种，9月上中旬定植（不抗病毒品种建议推迟10～20天定植），11月中下旬采收，翌年6月中下旬拉秧；冬春茬应选择抗病毒品种，一般7月上中旬播种，8月上中旬定植，11月上中旬采收，翌年2月上中旬拉秧；早春茬12月上中旬播种，翌年2月上旬定植，4月下旬采收，7月上旬拉秧。

三是采用适宜的栽培模式进行生产。如果选用无土栽培模式，可在地面挖30厘米×40厘米×30厘米栽培槽，畦距1.4米，槽内从下往上依次铺设黑白膜、导流板和防虫网，采用标准化椰糠基质槽式栽培，椰糠粗细比为3∶7，定植株距35厘米左右。如果采用土壤栽培，应选择土层深厚、肥沃，有良好灌排条件的沙壤土地块，采用大行双垄定植，大行距1.2米，株距35～40厘米，亩定植2 800～3 200株。

四是加强环境调控。环境调控指标为白天保持25～28℃，最高气温不要超过32℃，夜间维持15～18℃，最低气温不要低于8℃，高温季节注意遮阳降温，极端低温天气必须采用临时增温措施。生育期光照不低于10 000勒克斯，空气相对湿度60%～85%。

五是采用以控为主的水肥管理。基质栽培在选择适宜营养液配方的基础上，根据不同生育时期对水肥进行动态管理，第一次开始灌溉时间为日出后2小时，停止灌溉时间为晴天日落前2小时或阴天日落前5小时；苗期EC为1.8～2.0毫西/厘米，开花坐果期EC为2.5～2.8毫西/厘米，成株期EC为4.0毫西/厘米，pH控制在5.8～6.5；待第3穗果坐住后，采用正常灌溉量的60%～80%进行亏缺灌溉管理，以11：00—15：00植株轻度萎蔫为准（图3-62），注意棚内每穗花开花时叶片喷施含钙微肥，以预防控水引起的脐腐病。如果是采用土壤栽培，每亩施腐熟的商品有机肥2 000千克左右，配施复合肥（N-P-K为20-20-20）100千克、过磷酸钙50千克，整地前一次性施入，深翻做畦。每穗果核桃大小时冲施高钾肥（N-P-K为10-6-40+TE，TE指微量元素）5～10千克。第3穗果坐住后，需采用控水栽培以提高糖度，浇水宁小勿大，晴天可控水至植株轻度萎蔫（图3-63）。

图3-62　无土栽培口感番茄叶片萎蔫状

图3-63　土壤栽培口感番茄叶片萎蔫状

六是根据植株长势动态调整植株。成株期每株番茄保留15片叶左右，光照不足的情况下，可以打掉顶部花絮正对小叶，以减少叶片自身养分消耗，快速调整叶面积指数。每穗果一半果实坐住时进行疏花疏果操作，注意第1、2穗果疏大留小以促进壮秧，第3穗果以上疏小留大。

七是重点防范生理性病害。由于口感番茄在栽培过程中采用以控为主的水肥管理，在做好常规病虫害防治的基础上，需重视生理性病害的预防，主要通过环境调控、营养液调配和叶面微肥，减少脐腐病以及缺镁、缺铁等生理性病害发生。

65. 好吃的鲜食黄瓜有什么特点？主要栽培技术要点有哪些？

黄瓜是我国主要蔬菜作物之一，可熟食也可鲜食，在我国各地广泛栽培。口感型黄瓜一般用于鲜食，吃起来脆嫩多汁、无苦味和涩味、咀嚼后嘴里回甘，而且具有浓郁的黄瓜特有的香气。主要的栽培技术要点有以下几个方面：

一是选择优良品种。我国主栽黄瓜类型主要有华北型、华南型、欧洲型。北京郊区的黄瓜生产以华北型黄瓜为主，即俗称的水黄瓜或密刺型黄瓜，该类型黄瓜果实细长，表皮绿色，密刺，多白刺，如中农26等。华南型黄瓜，又称为旱黄瓜，这个类型的黄瓜果皮较厚，多黑刺，果实短粗，口感比密刺型黄瓜好，质地更脆，香气浓郁，如京旱33、旱宝5号等。欧洲型黄瓜，即荷兰水果型黄瓜，又称迷你黄瓜，该类型黄瓜植株全雌性，节节有瓜，果实表皮光滑无刺，果皮较薄，口感更加脆嫩，如小尾香长、迷你2号等（图3-64）。

a

b

c

图3-64　主栽黄瓜类型

a.华北型黄瓜 中　b.华南型黄瓜　c.欧洲型黄瓜

二是选择适宜的栽培茬口。以北京地区为例，日光温室越冬茬一般10月初播种，11月上旬定植，秋延后茬口8月底播种，9月下旬定植，春提前茬口翌年1月上旬播种，2月中旬定植；塑料大棚春茬于2月上中旬播种，3月中下旬定植，秋茬一般6月下旬至7月上旬播种，7月中下旬定植。

三是选择适宜的栽培模式。选择疏松、肥沃、有机质含量高的壤土，一般需要做畦栽培，株行距控制在35厘米×60厘米。另外，也可选择无土栽培模式（图3-65）。

a

b

图3-65　栽培模式

a.无土栽培　b.土壤栽培

四是加强栽培环境调控。黄瓜在整个生育期适宜生长温度为15～32℃，白天20～32℃，夜间15～18℃。夏季温度较高，可通过通风、遮阳网、涂料等方式进行降温处理；秋冬季温度较低，可以通过棉被、二道幕、挖设防寒沟等方式进行增温保温。黄瓜是喜光作物，在口感型黄瓜栽培过程中要保证充足的光照，尤其要充分利用上午的光照。

五是合理的水肥管理。使用有机肥可较好地改良黄瓜的风味品质，提高可溶性糖及铁、钙等矿物质的含量，建议底肥可使用牛粪、羊粪等腐熟农家肥或商品有机肥，在坐瓜后再适量补充水溶肥(N-P-K为18-5-27)。在灌溉方面，定植前一周浇透水，蹲苗期一般不进行浇水施肥；开花结果后，需要及时补充水肥。随着气候变化可调整浇水量和浇水间隔，每次浇水后保持土壤见干见湿，以用手捏土壤成团不散开为宜。

六是调整植株保证秧果平衡。黄瓜植株生长量较大，生产中要注意进行植株调整，保证秧果平衡。一般可于7片真叶展开后再行吊蔓，当黄瓜主蔓生长到1.7～1.8米时要及时落蔓，落蔓后维持生长点高度在1.5米左右，保留15片完好的功能叶片，打掉老叶、病叶，摘除化瓜、弯瓜、畸形瓜，去掉已收完瓜的侧枝。

七是适期采收和储藏。黄瓜开花后一般7～12天达到商品成熟，及时采摘瓜条顺直、没有机械损伤的瓜，新鲜采摘的瓜口感最好，最为脆嫩，黄瓜香味浓郁。如果需要储存，用保鲜膜或保鲜袋包裹后放在冷凉遮阴处，温度11～13℃、空气相对湿度为90%～95%的条件下一般可以存储7天左右。

66. 水果甜椒有哪些好品种？栽培要点有哪些？

近年来，一种外形迷你、口感甜脆的水果甜椒成为零食界的新宠。其单果重仅为60～100克，为普通甜椒的1/4～1/3，个头小巧十分适合拿手里作为零食生吃。口感甜脆，不仅有甜椒独有的爽脆，还融合了水果的甘甜多汁，营养价值高。水果甜椒的可溶性固形物含量可以达到11%以上，是普通甜椒的3倍，亦蔬亦果，颜值、口感与营养俱佳（图3-66）。通过品种筛选，目前适宜栽培的水果甜椒推荐荷兰瑞克斯旺种子有限公司的三色椒，即红瑞祥、黄瑞祥及橙瑞祥（图3-67）。

水果甜椒栽培要点有哪些？需选择适宜的茬口及栽培模式，在栽培过程中各个环节满足甜椒适宜的生长条件。

（1）生产茬口。连栋温室及日光温室越冬茬8月上旬播种，9月中下旬定植，翌年6月中下旬拉秧；日光温室秋冬茬7月上中旬播种，8月中下旬定植，翌年2月上旬拉秧；日光温室冬春茬12月上中旬播种，翌年2月上旬定植，7月上旬拉秧；塑料大棚越夏茬2月下旬播种，4月中旬定植，10月中旬拉秧。

（2）栽培模式。优质水果甜椒既可以传统土壤栽培，也可以通过无土栽培。采用土壤栽培，适宜的土壤应富含有机质，排水良好。前茬地块不宜为茄科作物（番茄、茄子、马铃薯），实行2年以上轮作，定植密度为2 200～2 500株/亩。无土栽培基质建议选用

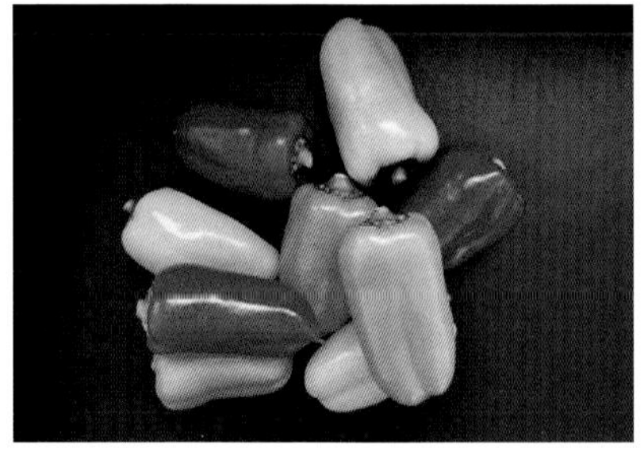

图3-66 水果甜椒与甜椒零食

a

b

c

图3-67 适宜栽培的水果甜椒品种
a.红瑞祥 b.黄瑞祥 c.橙瑞祥

粗、细体积比为5 ∶ 5的椰糠基质，具有良好的通透性和保水性。支架式、槽式及袋式栽培槽均可，定植密度为1 800 ~ 2 200株/亩（图3-68）。

（3）环境管理。播种后催芽期温度要保持25 ~ 30℃，50%种子露白后逐步降低温度，白天保持25℃左右，夜温16℃左右。定植后到开花坐果期对温度需求相对较高，尤其是夜间温度，尽量保持在17 ~ 18℃，温度过低则易落花落果。坐果期，夜温维持在15 ~ 16℃为宜，白天最高温度控制在25 ~ 30℃。甜椒相对湿度的需求与温度相关，一般温室内相对湿度控制在50% ~ 85%。

（4）水肥管理。无土栽培对水肥控制的精准度要求较高，需要合适的EC、pH以及精准的灌溉策略。适宜的营养液pH为5.5 ~ 5.8，

图3-68　水果甜椒栽培模式

a.连栋温室支架式　b.日光温室模式　c.塑料大棚槽式　d.日光温室土壤栽培

苗期灌溉液EC为2.0毫西/厘米左右，日均浇水量80 ～ 120毫升/株；定植至开花坐果期EC逐步升至2.3 ～ 2.5毫西/厘米，日均浇水量300 ～ 700毫升/株；采收期EC建议提升至2.8 ～ 3.0毫西/厘米，日均浇水量900 ～ 1 200毫升/株。土壤栽培需在定植前施腐熟有机肥2 500 ~ 3 500千克/亩，复合肥（总养分40% ~ 50%）50 ~ 75千克/亩，浇足定植水，一周后及时浇足缓苗水。坐果后浇催果水，结合浇水施催果肥。结果期每周浇1次水，每隔1次水施1次肥，结合滴灌加肥5千克/亩，保持土壤湿润。

（5）植株管理。水果甜椒整枝方式建议采用3杆整枝策略，在门椒位置留3个主生长枝，及时吊蔓可防止倒伏，同时便于田间操作。吊蔓完成后一周左右开始绕秧，按照顺时针方向缠绕到吊绳上，每周一次。门椒不留果，根据长势从第二层或第三层开始留果。每年11月至翌年3月前属低温弱光阶段，侧枝不留果，仅留1

片叶后摘心。从3月光照开始增强时，每个侧枝留1个果、1片叶，及时摘除其余叶片和花蕾。从4月开始光照变强，为防止出现日灼果，采取每个侧枝留1个果、2片叶，及时摘除其余叶片和花蕾的策略。

67. 鲜食玉米是粮食还是蔬菜？与普通玉米栽培上有哪些区别？

鲜食玉米是以直接食用和食品加工为主要利用方向的玉米品种，其膳食纤维、蛋白质、氨基酸、维生素等营养物质含量均高于普通玉米，口感香甜而鲜嫩、脆爽而渣少，风味独特，具有较高的营养与保健价值，有"水果玉米""蔬菜玉米"的美称。

鲜食玉米深受消费者的喜爱，发展前景广阔，要想种出好口感、高品质，技术层面要注意以下几方面。

（1）选择适合品种。鲜食玉米可分为甜玉米、糯玉米和甜糯玉米三大品种。目前表现较好的品种：甜玉米有京科甜608、BM380、美珍208、金脆王、雪甜7401、申科甜102、斯达216、华珍、绿色超人等；糯玉米有京科糯2000、京科糯336、京科糯120、京黄糯267、京紫糯218、京花糯2008等；甜糯玉米有京科糯2016、白甜糯3号、龙甜糯2号、美玉糯27号、密甜糯6号等。种植前应根据生产用途不同选择适宜品种（图3-69）。

（2）科学种植、精细管理。

①土地整理。种植地要避开污染源，选择沙壤土质、耕层深厚、肥力较高、疏松保水、渗透性良好、灌排便利的地块。上茬作物秸秆粉碎还田，在土壤水分适宜的情况下耕地整地，耕层土壤达到深、松、平、细的要求。

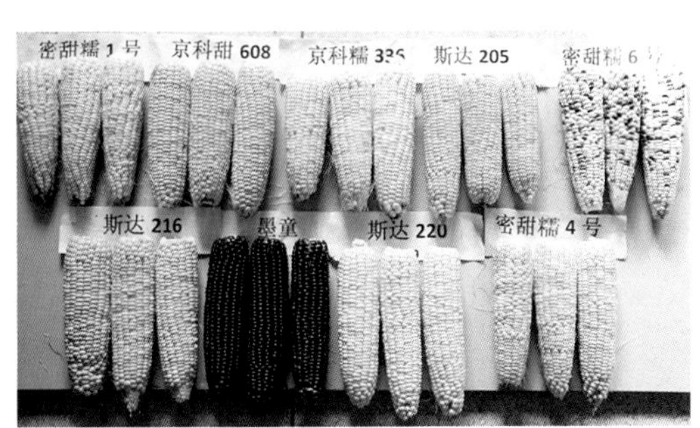

图3-69　不同品种鲜食玉米

②隔离种植。鲜食玉米容易互相串粉杂

交，品质明显下降，必须隔离种植。首先要空间隔离，种植区周围300～400米以内不能种植其他品种玉米，有山岗、树林等天然屏障时，可适当缩短隔离间距。其次是时间隔离(错开播种期)，避免与其他品种的花期相遇，花期相差20～25天及以上。

③合理密植。鲜食玉米果穗分级收购，要注意兼顾产品与品质，提高产品商品率，应根据地力水平与品种特性确定种植密度。一般中等肥力土壤，以3 500～4 000株/亩为宜，早熟品种可适当加密，晚熟品种可适当稀植。

④播种管理。鲜食玉米种子小，出苗较弱，播种前要精选种子，并进行浸种催芽，播种深度3～5厘米，每穴下种2～3 粒。幼苗3 ～ 4片叶时间苗，4 ～ 5片叶时定苗，保证幼苗均匀一致。有条件时也可以采取穴盘育苗，移栽。鲜食玉米具有分蘖特性，苗期要及时除去分蘖，否则影响主茎生长，造成产量降低或果穗太小。

⑤加强水肥。鲜食玉米生长期短，品质要求高，施肥上应采用有机肥与无机肥相结合的方式，按每亩玉米鲜穗1 500千克的高产田，在施用1 000～1 500千克有机肥的基础上，配合施用纯氮（N）18 ～ 20千克、磷（P_2O_5）8 ～ 10千克、钾（K_2O）10 ～ 15千克，同时配合施用硫酸锌1 ～ 1.5kg，其中有机肥、磷肥、钾肥、锌肥作为底肥一次性施入。

鲜食玉米播种期至出苗期，应控制土壤相对含水量在60%～70%。苗期保持土壤相对含水量为60%～65%，要注意防涝。拔节期以后，应保持土壤相对含水量在75%～85%，水分不足要浇水，中后期要防止干旱。

⑥辅助授粉。一般气候条件下，玉米都可以自然授粉结实，但在连续阴雨、高温等特殊气候，或设施条件，或植株长势弱时需人工辅助授粉。即在9：00—11：00，用木棍、麻绳等工具沿行敲打雄穗，使花粉集中散落下来，也可将花粉抖落在铺有纸张的广口容器内，然后授在尚未授粉的花丝上。

⑦适期采收。收获期对鲜食玉米的商品品质和营养品质影响极大，过早收获，籽粒内含物少，色泽浅，风味差，产量低；

采收过晚，果皮变硬，甜度下降，失去鲜食玉米特有的风味。一般而言，收获期以吐丝后17～23天为宜；以加工为目的的可早收1～2天；以销售鲜穗为主的可晚收1～2天，最佳采收期6～7天。

68. 深休眠韭菜风味好，越冬栽培管理有哪些要点？

韭菜具备休眠特性，因其起源地的差异，不同品种之间的休眠特性差异较大。起源于长江以北的品种，由于冬季较为寒冷，韭菜的休眠时间较长，且较为彻底，地上部分枯萎，营养回流储存在地下的根茎与鳞茎当中，这类韭菜即为深休眠品种。其他季节，深休眠韭菜可进行露地生产；深冬阶段，在华北地区可通过架设小拱棚的方式越冬生产。小拱棚越冬生产具有很多优点：一是主要上市季节为1月上旬至3月下旬，正是元旦和春节市场，售价较高，经济效益良好；二是较之于浅休眠品种，深休眠韭菜品种叶色深、韭香浓郁、维生素等营养成分含量高，更受消费者欢迎；三是较之于浅休眠品种，深休眠韭菜品种越冬生产前，回根充分，植株内在抗性较强，并且单产较高；四是较之于温室生产，拱棚建造和相关维护投入少，人工管理简单易操作，需工相对较少，总生产成本不高（图3-70）。

深休眠韭菜品种，需待露地回根，满足一定的需冷量后再扣棚。若韭菜回根过程的需冷量未满足而提前覆盖，表现为萌发率低，缺苗断垄，高度参差不齐。

图3-70　拱棚越冬生产深休眠韭菜

（1）架设拱棚。北京地区设置拱棚时间在11月20日（小雪节气）左右，即土地上冻之前、韭菜平茬之后。建造小拱棚以木杆做立柱，竹劈做拱架。畦中间立2排木质立柱，立柱直径8～10厘米，地上部高度约1.1米，埋入地下约30厘米，立柱行距60～70厘米，立柱前后间距

3～4米。竹劈宽3～4厘米，长度4米，两端入地约10厘米，两根竹劈间距60～70厘米。畦端的竹劈要有斜立柱支撑，以防积雪天压力过大。选择无风晴日的下午扣棚膜，棚膜选用0.08～0.1毫米的普通棚膜即可，宽度约4米，扣棚后四周用土封严，覆盖用5～8厘米厚的草苫（图3-71）。

图3-71　棚内空间（左）和 棚外状态（右）

（2）温室管理。扣棚前期不放风，每天视情况揭盖草苫。揭盖草苫时只揭盖棚顶和南侧的草苫，北侧草苫不动。若天气晴朗，上午早揭苫，下午晚盖苫，充分利用阳光提高棚温，如遇雨雪天气或光照不足，草苫应晚揭早盖。晴暖日子，一般8：00—9：00揭开，16：00—17：00盖苫；雨雪阴天，一般9：00—10：00时后揭开，15：00—16：00盖草苫。在最冷的1月，棚内夜间最低温度应在8℃，低于此温度时，夜间应在草苫外再覆盖一层棚膜并固定。

（3）通风管理。待韭菜萌发后，要视情况适当放风。当白天气温超过25℃且棚内湿度过大，可在南侧棚膜上划口短时放风（图3-72）。盖草苫时要在划口处加盖一片棚膜，平时不放风时划口处应用透明胶带粘上。

图3-72　棚内韭菜长势

69. 老北京五色韭菜形色好味道浓，栽培中应该注意哪些问题？

图3-73　五色韭菜

五色韭菜因其从根到梢呈现白、黄、绿、红、紫5种颜色，而被称作“五色韭菜”。它是由清朝末年北京市同心庄村一位丁姓农民最早栽培出的。实际上，五色韭菜并不是一种特定的品种，而是栽培过程中通过采用铺糠（或铺沙）避光、温度变化等物理措施栽培而成（图3-73）。

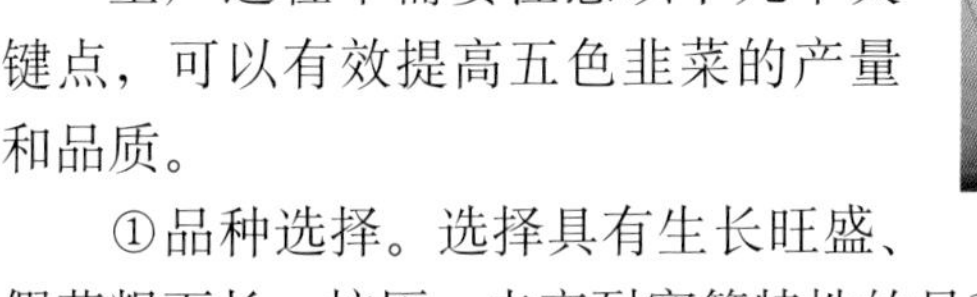

生产过程中需要注意以下几个关键点，可以有效提高五色韭菜的产量和品质。

①品种选择。选择具有生长旺盛、假茎粗而长、抗压、丰产耐寒等特性的品种。

②移栽养根。进行上色处理的韭苗以长足2年的为好，即头一年早春播种，养一年根，第二年再养一年根，然后进行生产。

③水肥管理。上色当年的11月上旬，土壤昼消夜冻时浇水。浇一次水，水量要足以保证韭菜一冬生长的需要。

④植株管理。为了促进养根，增加营养物质向根部的积累，当叶片生长到35 ~ 40厘米，可对植株进行修剪，只保留假茎上3 ~ 5厘米。

五色韭菜的上色管理：

①设置风障。用作物秸秆设置风障，置于栽培畦北侧与西侧，与冬季西北风方向一致，高3米左右，越高保温性能越好。也可以在温室内栽培。

②铺糠。北京地区在11月下旬（小雪节气）铺糠。清理地面后，底部先铺5 ~ 6厘米的锯末，打湿，保持不散不滴水的程度。锯末之上铺麦糠，总厚度为40 ~ 50厘米。12月上旬全部盖齐。

③晾糠。为了提高麦糠的保温性能、防止韭菜腐烂，需进行晾

糠工作（图3-74）。晾糠的时间是在12月中下旬，即盖糠后15 ~ 25天，露地栽培20 ~ 25天，温室内栽培约15天。如观察叶尖有硬挺状态，则可开始晾糠。此阶段韭菜的地温宜保持在10 ~ 15℃，麦糠内温度宜保持在15℃以上。

④晾色。韭菜高20厘米左右，进行晾色。观察韭菜叶尖，如出现冻得发僵状态，迅速将麦糠回盖，第二天即可见叶片出现紫色。如此重复晾色3天，韭菜叶尖受较长低温作用产生的紫色则固定，俗称“冻紫”。“冻紫”以后的晾糠就不要把麦糠全部翻净，畦内留下4 ~ 5厘米厚的糠，俗称“丢糠”。韭菜下部基本见不到阳光形成黄色。每次丢糠时，只保持3 ~ 5厘米的叶尖露在外面即可，叶尖始终保持紫色，稍下部就呈现红的过渡色（图3-75）。而在韭菜靠近麦糠表层的区段，温度较高，又可以得到一定光照，这部位的韭菜就能形成正常的绿色。随着韭菜逐渐长高和保留糠的厚度增加，紫色、红色和绿色部分也逐渐上移，最终兼具五色。

图3-74　早起晾糠

图3-75　丢糠中保持叶尖露在外边

四、土肥植保配套管理与灾害防治

70. 土壤酸碱性如何调整？

大多数的蔬菜作物适宜在中性或弱酸性（pH在6.0～6.8）的土壤条件下生长。土壤pH的高低很少对作物造成直接危害，pH决定着土壤元素的溶解难易程度，导致元素过剩或缺乏，因此，当土壤过酸或过碱时作物大多会发生生理性障碍，影响作物的生长与发育，使产量与品质下降。

土壤过酸时，应施入碱性调理剂，目的是中和土壤酸性，消除铝离子毒害，改善作物钙、镁营养状况。碱性调理剂包括生石灰、钙镁磷肥、石灰氮等。南方菜地试验表明，酸性土壤施用50～100千克/亩碱性调理剂能够提高土壤pH，提高蔬菜产量，降低铅、镉、砷的含量。调理剂会加速土壤中有机质的矿化，应用时需要补充有机质，施用调理剂时不必调节到中性，同时注意土壤自身重金属携带问题。

土壤过碱时，应施入调酸剂，一般采用硫黄粉或有机酸（柠檬酸）（图4-1、图4-2）。研究表明：每平方米土壤施入硫黄粉130克左右，可使土壤 pH降1左右。硫黄粉的见效期较长，需提前1～2个月施用，可采用随底肥撒施和定植时穴施相结合的方法分次施用，以维持较长的调节周期。

图4-1　北方地区碱性土壤种植草莓撒施硫黄粉调酸

图4-2　定植时穴施硫黄粉

71. 生物炭与木炭、草木灰有何不同？在土壤培肥改良上有什么作用？

生物炭是农林废弃物等的生物质在缺氧条件下热裂解形成的稳定的富碳产物（图4-3），一般含有60%以上的碳元素，还含有氢、氧、氮、硫等其他主要元素。生物炭区别于木炭，生物炭原料来源可以是大多数的生物质，而木炭是木材在隔绝空气的条件下干馏得到的具有木材原来形状且质硬和多孔的炭；它也不是草木灰，生物炭是在缺氧条件下热裂解生成的，而草木灰是植物（草本和木本植物）完全燃烧后的灰烬。

图4-3　秸秆与生物炭

生物炭概念源于对亚马孙流域先民留下的“亚马孙黑土”增产作用明显的研究，经研究证实，这种黑色土壤富含稳定的生物炭，是土壤肥沃和作物增产的主要原因。生物炭在农业上普遍应用于土壤培肥与改良。其在土壤培肥与改良的主要作用有：

①生物炭除了含有大量碳，还含有一定量的矿质养分，可增加土壤中矿质养分含量，如磷、钾、钙、镁及氮，特别是畜禽粪便生物炭具有较高矿质养分，对贫瘠及沙质土壤的培肥作用明显。

②生物炭大多呈碱性，可以作为石灰替代物，提高酸性土壤pH，改良酸性土壤。

③生物炭具有一定的吸水能力，尤其是氧化后的生物炭可提高沙质土壤的持水量，从而改善土壤保水性。

④生物炭具有离子吸附交换能力及一定吸附容量，可改善土壤的阳离子或阴离子交换量，从而可提高土壤的保肥能力。

⑤生物炭的孔隙结构及水肥吸附作用使其成为土壤微生物的良好栖息环境，为土壤有益微生物提供保护，促进有益微生物繁殖及活性。

⑥与有机肥相比，生物炭在土壤中的稳定性很强，有机肥年矿化率为30%～40%，高温地区年矿化率甚至70%以上，而生物炭矿化过程可能长达数百年或更久，还田后不会因其自身分解而对土壤产生潜在危害，能持续发挥土壤改良与培肥作用。

生物炭用于农业可改良和培肥土壤，提高土壤作物生产率，促进土壤可持续利用及作物增产。在总结全球各地开展的相关研究时发现，当生物炭施用量在50吨/公顷（按纯碳计算）以下时，对作物产量的作用基本都是正向的。但考虑成本问题，在北京市大兴区长子营镇综合实验站的研究发现，生物炭用量在15～30吨/公顷（以生物炭计算，1～2吨/亩），一年施用一次，连续施用3年，生物炭对土壤的培肥与改良能达到显著效果（图4-4）。

a

b

图4-4　同一大棚施用生物炭土壤剖面对比
a.施用生物炭　b.未施用

72. 如何做到只给作物浇水施肥?

我国人均水资源占有量远远低于世界人均水资源占有水平，严重匮乏的水资源使得农田无法获得充分的灌溉。

节水农业发展较为突出的国家是以色列，提出了“只给作物浇水，随水施肥”的理念，即通过水肥一体化技术，将水分和肥料直接施入根区，降低了肥料与土壤的接触面积，减少了土壤对肥料养分的固定，有利于根系对养分的吸收。由于只给作物的根系浇水，这样也大大减少了水分和养分向土壤深层的淋溶损失，不但节约了资源，也减少了环境污染的风险。

水肥一体化技术是将灌溉与施肥融为一体的，借助压力系统(或地形自然落差)，根据土壤养分含量及作物的需肥规律和特点，将肥料与灌溉水配兑在一起，当水肥相融后（或部分溶解后)，通过管道系统输入农田，形成滴喷灌，均匀、定时、定量滴洒在作物发育生长区域，使生长区域土壤始终保持疏松和适宜的含水量，避免淋溶下渗。

水肥一体化系统通常包括水源工程、首部枢纽、田间输配水管网系统和灌水器等，根据实际情况不同，各个环节可由部分设备组成。最常见的施肥方式：文丘里式、施肥罐式、比例施肥器、水肥机等，配合灌溉管道来应用（图4-5)。

水肥一体化系统的优点：

图4-5 生菜安装滴灌装置

①节水节肥。随水施肥，水肥协同，可发挥二者的共同作用 。

②肥料和水分是直接施入根区，只给作物浇水施肥，减少肥料和土壤的接触，减少了土壤对肥料养分的固定，有利于根系对养分的吸收，亦可减少对土壤结构的破坏。

③灌溉施肥可少量多次，为根系生长维持了一个相对稳定环境，可根据气候、土壤特性、作物不同生长发育阶段的营养特点，灵活地调节供应养分的种类 、比例及数量等 ，满足作物对养分的需求，防止一次大量施肥带来的危害和肥料损失。

④改善生态环境。滴灌恒定的水肥环境，防止土壤侵蚀，降低空气湿度，可减少病虫害，减少农药的投入。

⑤增加产量，改善品质，节约施肥时间和劳力，降低成本。

73. 有融三种氮素形态于一体的液体肥吗?

随着滴灌施肥技术的推进，用于滴灌施肥的水溶性肥料产品种类也逐渐增多，一种新型的氮肥溶液已经在国内开始应用，它的名称叫作尿素硝铵溶液，英文简称UAN，也叫氮溶液。这是一种由酰胺态氮、硝态氮和铵态氮三种氮素形态组成的无色透明液体，成本低、吸收快，非常适合滴灌施肥使用（图4-6）。

UAN起源于20世纪70年代美国。在一些发达国家如加拿大、美国、法国等，UAN的使用很普遍，尤其是美国近50%的氮肥都是这个产品。UAN含氮28%～32%，生产一般分为3个等级，根据外界存放温度可调整生产规格。

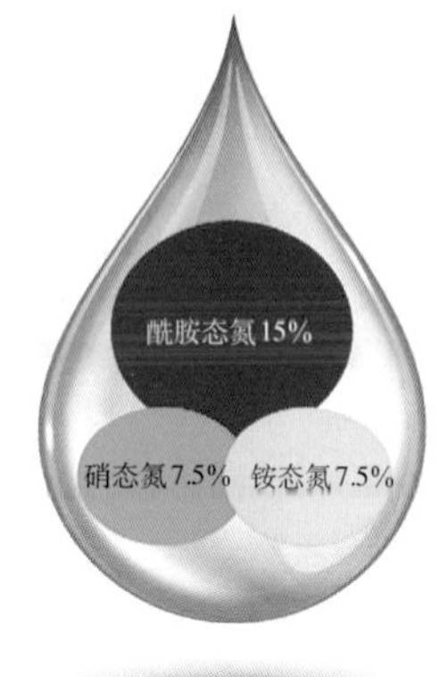

图4-6　含有三种氮素形态的尿素硝铵溶液

UAN主要用作追肥，可以与其他液体磷钾肥和增效剂一起通过灌溉施入农田，大多数农作物均可施用（图4-7）。2016—2018年，中国氮肥工业协会与中国农业科学院共同主持在全国9省（自治区、直辖市）多种作物上做了试验示范，包括大田作物、蔬菜、果树等都表现出良好的应用效果。随着水肥一体化的大面积推广和相关配套设施、产品的逐步完善，UAN的应用潜力将逐步得到挖掘，前景良好。

图4-7　尿素硝铵溶液与液体磷钾肥供蔬菜园区应用

74. 有没有融速效与长效于一体的液体磷肥？

随着水肥一体化和水溶肥的大面积推广，对全水溶性磷肥的需求越来越大，于是新的磷肥产品开始逐渐出现。低聚合度的聚磷酸铵（APP）是一种全水溶的磷肥新产品，从形态上分为固体和液体，含正磷酸根和多种聚合态磷素，其中聚合态磷素可以随时间缓慢分解为正磷酸根。液体聚磷酸铵相对分子质量低，流动性好，外观略显黄色，兼具正磷酸的速效性和多聚磷酸的缓效性，所以说存在这种融速效与长效于一体的液体磷肥（图4-8）。

图4-8　聚磷酸铵外观

作为肥料使用的聚磷酸铵是美国在20世纪60年代开发的。在管式反应器中采用热法或湿法的聚磷酸在高温下与氨气反应，生成聚磷酸铵溶液。热法生产的聚磷酸铵的氮（N）－磷（P_2O_5）－钾（K_2O）为11-37-0，湿法生产的聚磷酸铵的为10-34-0。

液体聚磷酸铵主要作为追肥与尿素硝铵溶液配合使用（图4-9）。大多数农作物均可施用，通过灌溉施肥进入农田是较佳的施肥方式。经过试验验证，聚磷酸铵与尿素硝铵溶液、液体钾肥配合在玉米、棉花、马铃薯等大田作物，以及设施蔬菜、果树等上应用，均具有较好的效果。

图4-9　聚磷酸铵与尿素硝铵溶液、液体肥钾肥供温室使用

75. 沼液可以用于滴灌吗？

沼液产生量大，养分含量多数较高，是理论上的良好有机肥源，但很多地方没能充分利用，甚至随意排放并成了新的污染源。在设施蔬菜种植体系，很多基地均配套滴灌、微灌系统，沼液能否通过水肥一体化进入灌溉施肥系统是个制约性问题，解决问题的核心是要实现沼液的固液分离，分级精细过滤，将沼液纳入滴灌系统。

滴灌系统中，首先修建沼液沉淀过滤池，对沼液进行精细过滤，过滤精度达到120目以上，推荐利用网式过滤和碟片式过滤相结合的方式进行。如果系统发生堵塞，启动碟片式过滤的反冲洗系统，将堵塞的渣滓冲洗到原始沉淀池中，保障过滤系统的顺畅运行。过滤后沼液与水进行配比，配比后的混合液保持EC在3毫西/厘米左右。要严格控制配比浓度，防止因浓度过高引起作物烧苗。为防止堵塞，采用清水—沼液—清水的三段式灌溉，防止微生物的滋长堵塞灌溉系统。滴灌施肥要严格按照总量控制、分期调控和沼液检测的原则来进行，保证养分充足但不过量，施用安全。

当前沼液的成本几乎可忽略不计或非常低，因此，与施用其他肥料相比，采用沼液滴灌施肥的成本是相当低廉的。北京北郊某有机蔬菜园区装备了该设施后，由原来每个工人负责2个蔬菜温室的日常管理提高到现在每人3个温室管理，用工效率明显提高；整体来看，本技术既消纳了污染物，又节省了肥料的投入，提升了蔬菜的品质和生产效率，具有显著的经济、生态和社会效益（图4-10）。

图4-10 沼液滴灌施肥装备主控

76. 生物刺激素是激素吗？有什么作用？可在水肥一体化中用吗？

生物刺激素不同于激素。激素是单一成分，可明确到分子结构和作用机理，用量每亩几克甚至更少，使用效果已知，对剂量和技术的要求较高，在我国农业投入品管理中归属农药管理。生物刺激素是复合成分，部分成分明确，用量每亩几克至几十千克不等，使用效果因来源和复合成分的不同而异，需继续探索，对剂量和技术的要求不高，可以用于有机农业生产。

生物刺激素既不是农药，也不是肥料，同时，也不能完全替代农药和肥料。生物刺激素是一种独立于植物营养成分的物质，其靶标是作物本身，对提高肥料和农药的施用效果有益。

生物刺激素在农业中的应用已有上千年历史，“生物刺激素”这个词于1974年首次出现，但直至2010年左右才得到科学界和企业界的广泛重视。2012年之后，世界各地的生物刺激素产品开始不断涌现，逐步成为世界热点产品类型。不过，不同国家在不同时期对其的定义一直在演变中，也没有任何一个国家和地区给出生物刺激素的明确管理办法。

关于生物刺激素的概念，目前比较广泛被接受的是2012年欧洲生物刺激素产业联盟（EBIC）给出的定义：一种含有某些成分和微生物的物质，施于植物本身或根际周围时能对植物自然发展进程起到积极的刺激作用。

生物刺激素有且不限于腐植酸、氨基酸、海藻提取物、甲壳素和壳聚糖衍生物、生物碱、抗蒸腾剂、有益元素、无机盐、小分子肽、糖蜜发酵物、功能性微生物及其代谢产物等，可作用于土壤、种子、根系、花芽和果实（图4-11）。

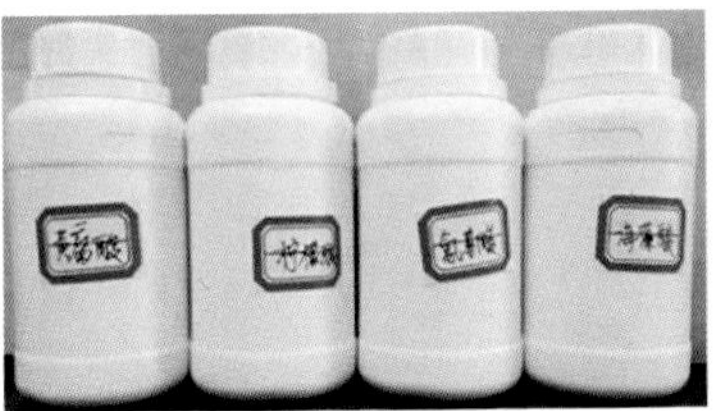

图4-11 生物刺激素（实验室配制）

已有文献及案例表明生物刺激素有以下作用：①改善土壤质量，促进土壤生态健康；②增强根系活力，改善光合作用；③增强植物抗逆性；④改善农产品的外在品质（商品性和货架期）及内在品质（糖分、维生素C和蛋白质含量）。生物刺激素在土壤和植物调控中的潜力，使其成为化肥农药减施增效及农业绿色发展的一类重要产品。

生物刺激素可以在水肥一体化中使用。生物刺激素与水溶肥配合使用更易实现改土、促根、抗逆和提质的功效，并且省时省力，节本增效。将腐植酸、氨基酸、海藻酸等按照一定的配方、比例和工艺与水溶肥复配/混，可用于水肥一体化系统，形成的新型增值水溶肥可作滴灌/冲施/喷洒用。生物刺激素虽有突出功效，但并不能完全代替化肥和农药，必须与化肥/农药配合使用，使用时应注意选择适宜的浓度、添加量和方法。

下面介绍生物刺激素产品在设施番茄越冬（亚低温）调控中的应用案例（图4-12）：

研究发现，适宜浓度的低聚糖处理延长了番茄的采收期，增加了秋冬茬番茄的产出量。番茄水肥利用率及果实维生素C、总酚和类黄酮含量均得到提升。

图4-12　生物刺激素在设施番茄越冬（亚低温）调控中的应用

77. 有成本低且简单易行的滴灌系统吗？

水肥一体化是当今世界公认的一项高效节水节肥农业新技术。我国当前的水肥一体化技术推广面临着安装和运行成本较高、技术产品不够配套、政策支持不够全面等现实难题，从现实来看，很多园区在安装并运行一段时间后，水肥一体化系统就被放弃，并且很多地区，生产方式还是以一家一户为主，种植规模较小（通常个体农户管理1～3个棚）。若按常规投资滴灌会出现投入较多、运行费用高、滴头容易堵塞等问题，基层急需造价低廉、便于操作和运行的水肥装备。

针对我国一家一户和落后的技术管理水平现状，重力滴灌系统应运而生，它是一种低能耗运行的微重力滴灌，是由以色列GIDEON GILEAR于1985年提出并得到应用，于1998年引入我国。

重力滴灌系统是由水源部分（蓄水池或水箱）、阀门控制部分、输水管道、滴灌管网组成。其关键在于利用水位差形成的水压，实现自然滴灌，工作水头低，通常保持在1米左右，可以降低到0.5米，对水源没有特殊要求，无须动能运转，亦不用配备昂贵的压力系统（图4-13）。

安装就是在大棚或温室合适位置（通常为温室西部）用砖、石或金属架，筑成1～2米至少能承受0.5～1米^{3}水的平台，放置水箱

图4-13　简易重力滴灌系统

或蓄水池，底部部署阀门控制，管道管网等。

重力滴灌系统简单、造价便宜、不需动力、实用、工作压力低、供水均匀、节水效果显著，且增产效果明显。

①造价低廉。通常每个标准大棚安装重力滴灌系统造价在500 元左右，投资仅相当于微喷设施的1/3，传统滴灌投资的1/8。

②节约用水。与一般滴灌系统相比，重力滴灌可灌溉10倍于一般滴灌条件下的面积，不产生地面径流和土壤深层渗漏。其水利用率达95%～98%，比喷灌节水45%，比漫灌节水60%。

③节肥。设施作物所需的追肥可投入蓄水池，经充分溶解或过滤后随水滴施，直接送达作物根际上层，简化了施肥方法，能有效防止肥料的挥发、流失，提高肥效。

④可降低温室内的湿度，提高地温，从而有效降低作物的发病率，提高产品品质和产量，经济效益显著。

⑤运行成本低，维护方便。由于没有动力系统，其操作简单，基本不需要维护费用。只需对阀门和滴管进行日常的检查。

78. 微喷灌有哪些优缺点？

微喷灌是利用折射、旋转、辐射式微型喷头或微喷带等灌水器，将水或肥液均匀喷洒到作物表面或根区的灌水形式，与滴灌一起均属于微灌范畴。

微喷灌的工作压力比喷灌低、雾化程度高、喷洒均匀、流量小、打击强度弱，抗堵塞性能比滴灌好，空气温湿度调节效果明显，适用于叶面灌溉的低矮作物，以及根系发达的经济林果，如连片种植的绿叶菜、花卉、药材，以及柑橘、猕猴桃、火龙果等。

（1）微喷灌优点。

①灌溉水利用率高，节水效果明显，单喷头流量小，湿润速度慢，有利于浅根系类的吸收，减少深层渗漏，节水效果优于喷灌，覆盖效果优于滴灌。

②水颗粒细小，打击力度弱，有一定的雾化效果，避免损伤植株、土壤板结，有利于作物的根系吸收，有利于实现水肥一体化。

③加湿降温的同时还能调节局部小气候，合理地利用微喷灌可降低环境温度6～8℃。

④灌溉均匀性好，水肥补给可控性强，长势一致，补水的同时还能起到调节局部小气候的功效。

⑤抗堵塞性能比滴灌好，对水质的要求也相应低，过滤设备成本低。

⑥可以倒挂安装，有利于机械化作业和作物换茬，还可配套压力补偿设备。

（2）微喷灌限制。

①地插安装时易受田间杂草以及作物茎秆的遮挡，会影响机械化作业，毛管易被损坏，建议有条件的悬挂安装。

②露天使用时容易受风的影响，影响均匀度，干旱季节蒸发量大。

③投资略高于滴灌和喷灌。

总结来说，微喷灌并非单纯地节水，更注重的是综合效益，提高水分生产率，提升作物品质及市场竞争力，减少水、能、肥、药、工、地等资源的投入，促进农田生态系统的良性循环，真正地实现“六省两增一环保”（省工、省肥、省电、省地、省水、省心、增产、增收、环保），从而获得最佳的经济效益、生态效益和社会效益（图4-14）。

图4-14　微喷灌

79. 常见施肥设备的选择依据是什么?

水肥一体化技术是灌溉技术和施肥技术的融合利用，目前生产中常用的施肥设施有施肥罐、文丘里施肥器、泵入式施肥、比例式注肥泵、全自动施肥机等。选择施肥设施时，应该考虑以下几个因素：施肥量大小、施肥比例要求、配肥要求、系统的工作压力以及投资预算。

(1) 施肥罐。适用于对施肥浓度和均匀性没有要求、预算有限的粗放式种植。

优点：成本低，操作简单，维护方便；适合施用液体肥料和水溶性固体肥料，施肥时不需要外加动力，设备体积小，占地少。

缺点：定量施肥，肥液浓度不均匀，前期肥料浓度高，后期低，施肥速度和施肥量容易受水压的影响。设备不方便移动，不适用于自动化作业，金属缸体时间长了容易锈蚀，使用寿命短。罐口小，添加肥料不方便，工作效率低（图4-15）。

图4-15　施肥罐

(2) 文丘里施肥器。适用于对施肥浓度和均匀性要求不高、流量不大、工作压力较低的滴灌末端施肥。

优点：设备成本低，维护费用低，施肥过程不需要外部动力，肥料罐为敞开环境，便于观察施肥进程，重量轻，便于移动和自动化。

缺点：压力损失较大，不适用于微喷灌和喷灌施肥，如需使用可增加增压泵；使用过程中施肥比例难以把握，施肥速率较慢。

(3) 比例式注肥泵。适用于对施肥比例有严格要求、施肥量相对较小的场景，多用于设施种植施肥。

优点：施肥比例精确可调，且无论管网中压力如何变化，施肥比例始终保持恒定；水压驱动，不需要外部动力；操作简单。

缺点：设备成本相对高，维护管理有一定的技术要求（图4-16）。

(4) 全自动灌溉施肥机。适合于大型园艺及农场的自动灌溉施肥，实现无人化精确管理。

施肥机是应用于温室、大田灌溉系统的一个设计独特、结构精巧、操作简单和模块化的自动灌溉及施肥控制的成套设备。在实现最基本的对田间灌溉用的电磁阀自动控制的同时，可通过EC/pH及流量的监控，准确地把肥料养分或弱酸等注入灌溉主管中，准确地执行施肥过程。

图4-16　注肥泵安装图

用户可通过控制器键盘现场监控和编制，也可通过外接计算机，在办公室内进行远程控制。可通过外接的气象站，实现依据土壤湿度、蒸发量、降雨和太阳辐射等传感器或输入条件，全自动智能调节和控制灌溉施肥。

优点：多种肥料可按设定好的条件自动配比；可设定多种作物配方；智能化程度高，可连接电磁阀、温室环境控制设备等实现智能化控制，是现代农业发展的方向。

缺点：设备成本高；对使用者的专业水平要求较高（图4-17）。

图4-17　云智慧施肥机

80. 滴灌系统设计施工中常见的问题有哪些？

在滴灌系统的设计和安装时，经常会忽略一些问题，导致系统运行无法满足需求，或者无法正常运行。以下是常见的设计和安装滴灌系统需要注意的事项。

（1）布置合适的滴头数量。设计时，要考虑每株作物安装的滴头数量，合理的数量可以保证作物灌水需求，分散布置能保证作物灌水的均匀性，防止单个滴头堵塞时作物缺水死亡。常见的布置形式有作物前后各安装一个滴头，保证作物根部均匀灌溉。如果需要灌溉更加均匀，可以进行滴头环形布置。但需要注意的是滴头数量与系统造价有直接关系，一般滴头数量越多，系统造价越高，应根据需求合理选择。

（2）滴头位置布置不合理。滴头一般应根据作物种植行方向均匀分布，安装距离不能距作物根部太近或太远，一般滴头安装距离作物根部15厘米左右，可根据作物树龄大小适当调整。

（3）过滤系统选用不当或无过滤系统。滴灌系统的平稳运行，离不开过滤系统的保护，设计时要根据水源水质条件选择合适的过滤系统。一般北方水源多用井水，滴灌可选择离心式分砂过滤器加叠片过滤器进行两级过滤；南方水源多用河湖池塘水，可以选择砂石过滤器加叠片过滤器进行两级过滤。其中，叠片过滤器要求精度不低于100目，精度越高过滤能力越强，但过流量会有所减小。

（4）系统压力不当。滴头都有特定的工作压力范围，只有系统运行压力在滴头工作压力范围内才能保证滴头出水稳定均匀。还可以选择压力补偿滴头，当系统供水压力不稳定时，可以在一定压力范围内自动调节出水流量，达到流量稳定、出水均匀的效果。

（5）分区不当。系统设计时，应根据作物种类、区域大小、轮灌周期进行轮灌区划分，合理的分区不仅可以控制不同作物的灌水时间和灌水量，防止灌水过度或灌水不足，还可以减少首部系统投资，方便管理。

（6）选择正确的管道尺寸。滴灌基本都是管道行引水输水，滴灌管、毛管等PE软管也属于管道范畴。主管支管的尺寸选择有很多，要根据实际灌溉区域流量来选择管道尺寸，避免太小供水不足，或太大增加投资。在进行滴灌管或毛管的选择时，也要根据滴头流量、布置长度来选择合适的尺寸。

81. 尾菜连片产生区域如何实施规模化堆肥？

在蔬菜集中连片种植区域，蔬菜集中收获上市时，尾菜也会大量产生，这些尾菜水分含量一般较高，易腐烂变质，如不及时处理可能导致渗滤液污染土壤，臭气污染空气，滋生病菌蚊蝇影响环境卫生，并可能引起病菌在正常种植蔬菜中的传播，这种情况一般推荐进行规模化的高温堆肥无害化处理。

堆肥场地一般选择地势较高、避雨和平整硬化过的地面，具体场地大小根据尾菜产生量来确定。尾菜收集后，首先把其中可能混杂的塑料绳、棚膜等物质挑出，再进行粉碎，然后与畜禽粪便混合进行联合发酵，发酵初始一般调节碳氮比达到20～30，水分含量为50%～60%，条件允许可添加适量的腐熟菌剂。发酵方式可以采用条垛式发酵和槽式发酵，堆体高度建议不超过1.5米以保持疏松度。堆肥开始后，每周均利用翻抛机进行翻抛，如果水分含量下降较快应进行水分的补充。堆肥开始后，堆肥温度达到60℃以上的天数要保持4天以上，其后温度会逐渐降低，整个堆置时间一般为3～4周。发酵后的物料进行10天左右的陈化，促进腐殖质的进一步转化。陈化后的有机肥过筛去除其中可能混杂的杂物，便可包装销售或农田施用（图4-18、图4-19、图4-20）。

图4-18　蔬菜秸秆的粉碎

在山东青州，山东沃泰生物技术有限公司收集周边农户种植辣椒后剩余的辣椒秆，粉碎后利用滚筒筛进行塑料绳的去除，粉碎后的尾菜与鸡粪进行混合发酵。发酵采用槽式连续化进料方式，并设定翻堆时间实现设备的自动运行，生产生物有机肥。

图4-19　塑料绳的去除

图4-20　尾菜与畜禽粪便的联合发酵

82. 小农户如何进行尾菜的田间简易农家堆肥？

农户种植的各类蔬菜上市后，较短时间内产生大量的尾菜，这些尾菜不及时处理，就容易腐烂变质，污染周边环境并滋生蚊蝇，对周边正常种植蔬菜的病虫害防治造成影响。农户多缺少专门的处理设施与装备，这种情况下一般建议进行田间的简易堆肥，灭杀病原菌进行无害化处理，并可将堆肥进行农田施用。

堆肥场地一般选择地势较高、不积水和平整压实过的地面，地面铺设塑料布防治堆肥造成土壤污染，具体场地大小根据尾菜产生量来确定。尾菜收集后，首先把其中可能混杂的塑料绳、棚膜等物质挑出，再粉碎成5厘米以下的小段，然后与畜禽粪便按照1∶（2～3）的比例混合，混合方法可以是塑料布上铺一层尾菜，上面覆盖一层畜禽粪便，隔层放置。发酵初始一般调节水分含量为50%～60%，如果水分含量过高可以添加秸秆等调节。塑料布上堆体高度建议不超过1.5米以保持疏松度，堆体表层铺上塑料布来防雨。堆肥开始后，每10天翻堆一次，如果水分含量下降较快应进行水分的补充。整个堆置时间一般为4周。发酵后物料进行10天左右的陈化，陈化后的堆肥就可以农田施用。

在甘肃榆中地区，当地很多农户夏季种植的高原娃娃菜，尾菜产量大。当地农业部门推广本技术进行尾菜的处理利用，解决了当地尾菜的环境污染风险，也为农户提供了有机肥料，节省了肥料投入，生态和经济效益俱佳（图4-21）。

图4-21　甘肃榆中高原娃娃菜的堆肥处理

83. 空棚消毒有哪些注意事项？

（1）空棚消毒方法。常见空棚消毒方法有两种：喷雾施药法、烟雾施药法。

（2）喷雾施药法技术要点。药械可采用电动喷雾器或者弥雾机（图4-22）。药剂宜优先选用广谱的杀虫剂和杀菌剂，杀菌剂可选250克/升吡唑醚菌酯乳油、60%唑醚·代森联水分散粒剂、250克/升嘧菌酯、10%苯醚甲环唑水分散粒剂、72%霜脲·锰锌可湿性粉剂等，杀虫剂可选兼治螨类的18克/升阿维菌素乳油、25克/升高效氯氟氰菊酯乳油、1.8%阿维·高氯乳油和4.8%甲维·高氯氟乳油等。为保证消毒效果，可选择1～2种杀菌剂和1～2种杀虫剂混合使用，施药浓度宜取上限使用。喷雾时应覆盖整个棚室内表面和土壤表面。

（3）烟雾施药法技术要点。该法需要采用烟剂和熏蒸剂等特定剂型的药剂，或者借助常温烟雾施药机和热烟雾机等专用器械施药，并且施药期间需要密闭棚室。

利用烟剂消毒，杀虫可选15%敌敌畏烟剂、22%敌敌畏烟剂、30%敌敌畏烟剂、2%高效氯氰菊酯烟剂、3%高效氯氰菊酯烟剂、

图4-22 使用弥雾机空棚消毒

10%异丙威烟剂、15%异丙威烟剂、20%异丙威烟剂和12%哒螨·异丙威烟剂；杀菌可用5%菌核净烟剂、10%百菌清烟剂、20%百菌清烟剂、30%百菌清烟剂、40%百菌清烟剂、45%百菌清烟剂、10%腐霉利烟剂、15%腐霉利烟剂、10%腐霉·百菌清烟剂、15%腐霉·百菌清烟剂、20%腐霉·百菌清烟剂、25%腐霉·百菌清烟剂、15%异菌·百菌清烟剂、22%霜脲·百菌清烟剂、15%腐霉·多菌灵烟剂和15%烯酰·百菌清烟剂等。杀虫和杀菌可以结合施用。

喷雾法中所选药剂大多也适用于常温烟雾施药机，由于机械施药穿透性和均匀性好，有条件宜优先采用。

（4）空棚消毒的注意事项。消毒前，用30～40目的防虫网封闭棚室的风口和门窗口；田间的棚室内的植株残体和杂草等杂物，应当清理干净。

施药阶段，混合药剂应现配现用，施药人员应做好防护，确保安全。

消毒后，关闭门、窗和风口，保持棚室密闭1～3天时间，有利于提升消毒效果。

84. 可用于土壤熏蒸消毒的熏蒸剂有哪些？

土壤熏蒸剂，通过挥发产生具有杀虫、杀菌或除草等作用的气体，气体从施药点扩散至有害生物所在的土壤层后可控制土传病、虫、草等的危害。熏蒸剂分子质量小，降解快，无残留风险，对食品安全。目前，国际上登记使用的土壤熏蒸剂有碘甲烷、氯化苦、1，3-二氯丙烯、二甲基二硫、硫酰氟、异硫氰酸烯丙酯、异硫氰酸甲酯及其产生前体棉隆及威百亩，其中应用最为广泛的是氯化苦与1，3-二氯丙烯的复配制剂。在中国仅氯化苦、棉隆、威百亩、硫酰氟及异硫氰酸烯丙酯（辣根素）获得登记。土壤熏蒸剂的防治谱及剂型见表4-1。

表 4-1 土壤熏蒸剂防治谱、剂型及施药方式

熏蒸剂	防治谱	剂型	施药方式
碘甲烷	病原菌、线虫、地下害虫、杂草	99.7%原液	注射、滴灌
1，3-二氯丙烯	线虫、病原菌、杂草	93.6%、70.7%乳油	注射、滴灌
氯化苦	病原菌、杂草、线虫	99.5%原液	注射、滴灌
棉隆	线虫、地下害虫、病原菌、杂草	98%微粒剂、98%原药	混土
威百亩	病原菌、线虫、地下害虫、杂草	35%、42%水剂	滴灌、混土
二甲基二硫	线虫、病原菌、杂草	95%、2%乳油	注射
硫酰氟	线虫、病原菌、杂草	99.8%原药	分布带施药
异硫氰酸烯丙酯	病原菌、根结线虫、杂草	20%水乳剂	注射、滴灌

85. 如何将熏蒸剂施用到土壤中？

土壤熏蒸剂施药方式包括化学灌溉、注射、混土及分布带等。化学灌溉是利用灌溉系统将可溶性熏蒸剂同灌溉水同时输送到土壤中，为了防止熏蒸剂挥发，所采用的灌溉系统为膜下滴灌系统（图4-23），即将滴灌带（毛管）铺于塑料薄膜之下。整个施药系统主要由首部枢纽、管道和滴头三大部分组成，此种施药技术可避免施药人员直接接触药剂，安全高效。注射施药技术即采用注射施药机械将熏蒸剂注射到土壤中（图4-24），简单灵活方便，适用于没有滴灌的农田或者有滴灌但施用药剂为不溶于水的熏蒸剂。针对氯化苦、1，3-二氯丙烯高挥发性，发明了胶囊剂型，可沟施或打孔施用，胶囊在土壤中吸水膨胀，熏蒸剂缓慢释放到土壤中，防治土传病害效果与

注射施药法相同，但使用方便，不需要特殊的工具及防护设备；也可在生产中发病点应用，可防止土传病原菌扩散。混土施药技术是将扩散能力弱的药剂施用于土壤表面再通过旋耕均匀混入土壤中，可借助机械边施药边混土实现大量快速施药，其优点为高效、安全、简便易掌握、施药成本低。分布带施药技术是针对气体药剂而开发的，分布带为圆筒状，周身均匀分布小孔，分布带一端埋入土壤，一端与装有熏蒸剂气体的钢瓶相连，施药前在施药区域覆盖塑料薄膜形成密闭的熏蒸空间，施药时打开钢瓶阀门，熏蒸剂气体充满分布带，通过分布带上小孔缓慢释放到密闭的熏蒸空间中，进而逐渐扩散到土壤中达到控制土传病虫草害的目的（图4-25）。土壤熏蒸剂推荐施药方式见表4-1。

图4-23　化学灌溉施药技术

图4-24　小型机动注射施药机械

图4-25　分布带施药技术

86. 土壤熏蒸消毒的关键点是什么？

一是深翻整地。土壤中无作物秸秆、无大的土块，特别应清除土壤中的残根，因为土壤熏蒸剂不能穿透残根。保持土壤的通透性将有助于熏蒸剂在土壤中的扩散分布，从而达到均匀消毒的效果，所以浅根系作物土壤疏松深度25厘米最佳，深根系作物旋耕深度最好在35 ～ 50厘米。

二是土壤温度适宜。温度太低，熏蒸剂扩散分布慢；温度太高，熏蒸剂降解加速，有效浓度降低。适宜的温度可让靶标生物处于“活的”状态，可以更好地吸收药剂达到高防效目的。通常在土壤15厘米深度适宜的温度是15 ~ 20℃。

三是土壤湿度适中。在土壤熏蒸前，将土壤进行浇灌，使土壤湿度达到90%以上，激活土壤中的病原菌和杂草。沙壤土晾干4 ~ 5天，黏性土壤7 ~ 10天后进行旋耕，旋耕前可将所有的有机肥施于土壤中。

四是正确覆盖塑料薄膜。由于熏蒸剂都易气化且穿透性强，推荐全田土壤表面覆盖0.04厘米以上的原生塑料薄膜，薄膜相连处，采用反埋法（图4-26）或者用胶带粘贴密封。因为多数熏蒸剂不溶于水，所以如条件允许，可在塑料薄膜四周浇水，以阻止气体从四周渗漏。

图4-26　塑料薄膜反埋法

87. 土壤生物熏蒸消毒的技术要点是什么?

土壤生物熏蒸是利用十字花科、菊科类植物或家畜粪便在分解、发酵过程中产生挥发性物质杀死土传病原菌、害虫、杂草等的土壤消毒方法。通常采用鲜鸡粪与鲜牛粪的混合物（二者用量一般均为2.5千克/米^2），再加入作物的秸秆或废弃物（图4-27），与土壤均匀混合后，覆盖塑料薄膜4～6周，对土传病害和根结线虫均有良好的效果，并可较好地处理作物的废弃物。为了节省成本，可采用废旧塑料薄膜覆盖土壤。生物熏蒸可改善连作土壤理化性质，提高土壤肥力、增加作物产量。土壤生物熏蒸技术可以与化学消毒技术轮用，保证土传病害防治效果的同时，降低农药用量与消毒成本。

图4-27　添加粪便的土壤生物熏蒸技术

88. 如何利用太阳能给土壤消毒？

太阳能土壤消毒是指在高温季节通过较长时间覆盖塑料薄膜来提高土壤温度（图4-28），借以杀死土壤中包括病原菌在内的许多有害生物。太阳能土壤消毒四个步骤：①移除植物残体；②平整土壤；③浇水（湿润耕层30厘米），保持土壤湿润以增加病原休眠体的热敏性和热传导性能；④覆膜4～8周，可用最薄的透明塑料薄膜（25～30微米），可减少花费，增强效果。太阳能可以使土壤温度升高到杀死许多致病微生物（病原体）、线虫、杂草种子和幼苗的水平（图4-29），无农药残留，大小农场均可应用。太阳能土壤消毒还能加速土壤中有机物质的分解，促进可溶性养分如氮（NO_3^-、NH_4^+）、钙（Ca^{2+}）、镁（Mg^{2+}）、钾（K^+）和黄腐酸的释放，从而使它们更容易被植物利用。

图4-28　太阳土壤能消毒技术

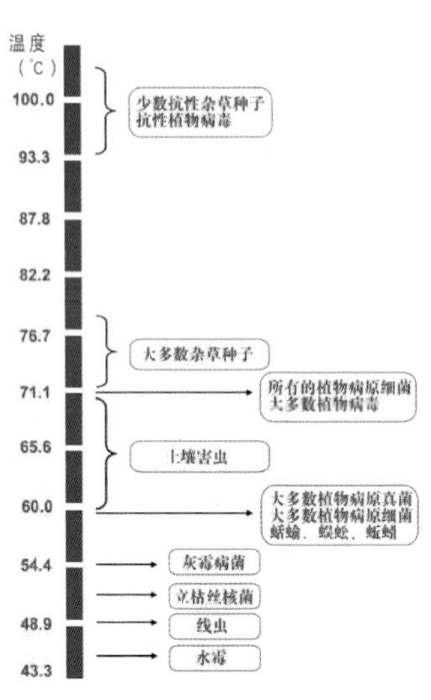

图4-29　控制有害生物所需温度

89. 粘虫色板怎么用才正确？

（1）选择粘虫色板。选择粘虫色板重点考虑的因素是颜色。一般设施种植中，选择黄板即可，黄板对生产上常见的小型害虫诸如粉虱、蓟马、蚜虫、斑潜蝇、韭菜迟眼蕈蚊、黄条跳甲、葱黄寡毛跳甲和种蝇等皆可诱杀。有特定需要的可选择其他色板，应注意蓝板诱杀蓟马效果较好，白板可以用来诱杀黄条跳甲，黑板诱杀韭菜迟眼蕈蚊效果较好，绿板对小菜蛾引诱效果好。

其次色板大小应适中，以20厘米×25厘米、20厘米×30厘米、25厘米×30厘米、25厘米×40厘米、30厘米×40厘米规格的较为常见适宜。

（2）设置粘虫色板的最合适时间。越早越好，应在害虫发生前期或初期设置。害虫密度很高时色板只能在一定程度减少害虫数量，可作为药剂防治的辅助措施。生产中建议在棚室开始育苗或者定植的时候设置色板，此时虫量较少，可以在源头上减少虫害，事半功倍。

（3）粘虫色板位置。色板位置应根据作物和目标害虫来定，主要设置在害虫的活动区域。比如，番茄、黄瓜和辣椒等茄瓜类作物幼苗期，色板应设置在植株顶部区域或者其上10～30厘米处，还应随蔬菜生长不断调整设置高度（图4-30）；当作物植株超过1米，宜将诱虫板挂在行间，高度与作物顶部等高位置。韭菜棚的色板应设置在下缘距离地面10～20厘米处即可（图4-31）。其他叶菜类蔬菜棚的色板，以色板下缘高于蔬菜顶部5～15厘米为宜。

图4-30　黄瓜田设置黄板高度

图4-31　韭菜田设置黄板高度

（4）粘虫色板的放置密度。色板主要针对小型害虫，小型害虫活动能力普遍有限，两张板之间距离4～6米较为适宜。可根据色板的大小和田间虫量大小，调节布放距离。适当缩短色板布放间隔，增加密度，可以一定程度上提高诱虫效果，在育苗棚或者部分有机生产棚可采用。

（5）粘虫色板的更换。当板上虫量过大、粘性不足时应及时更换，一般1～2个月需要更换一次。部分用于监测害虫数量的色板应保持2～3周更换一次，便于及时发现虫量的变化，提示尽快开展化学防治。

90. 常温烟雾施药技术有什么优势？怎么用效果好？

（1）常温烟雾施药技术的概念。常温烟雾施药技术需要借助特定的设备完成，可在常温下将药液破碎成超微粒子，药液能在设施内充分扩散，长时间悬浮，是专用于设施园艺作物的现代高效施药技术。近些年在京郊主推的常温烟雾施药机是JT 3YC1000D-Ⅲ型

（图4-32），完全国产化。该机出众的性能得到了京郊菜农的肯定，被赞为“设施大棚里的东风41”。

（2）常温烟雾施药技术的优势。

①用水量少，特别适合在冬春季低温、寡照天气频繁的时节使用。

②农药没有热分解损失，适用于可湿性粉剂、悬浮剂、乳油、水分散粒剂等常见农药剂。

③喷雾形成的雾滴直径细小均匀，较常规手动喷雾器作业农药利用率提高30%，防效可以提高10%～15%。

图4-32　JT 3YC1000D-Ⅲ型常温烟雾施药机

④施药效率高，节省人力。草莓、芹菜、生菜等矮生作物每亩施药只需3～5分钟，番茄、辣椒、茄子、黄瓜等高秆作物每亩施药需要5～10分钟。尤其适用于大中型设施园区和植保专业化防治组织。

（3）常温烟雾施药技术的注意事项。

①施药前应关闭棚室风口，修补棚室漏洞，施药时必须保持棚室密闭2小时以上，可减少农药飘逸、提升防效。

②封闭空间施药，故施药人员需重视并做好自身防护，应穿戴专用服、口罩、手套、防护靴等。

③配药时，需按照面积量取农药，且应视病虫情况需要，较普通手动喷雾施药酌减药量。

④施药时，只需沿着过道由里向外退行，边行走、边施药即可，单次行走就能完成作业。喷管在水平和垂直方向的摆幅，要尽量与行进步幅保持一致，从而确保施药均匀，且严禁停留在一处长时间喷洒，避免人为原因造成局部喷药浓度过高而出现药害。

⑤喷头应对准植株上方或植株行间喷雾，不可接触或者直接喷向植株，避免药害。可根据不同种植作物的生长高度，可以垂直方向调整喷管的仰角和俯角，高秆作物应有一定的仰角，矮生作物可有一定的俯角。

⑥退出棚外即结束施药，若有剩余药液不宜再次入棚，可从风口喷入即可。

91. 什么是弥粉法施药技术？如何实施？

（1）弥粉法施药技术。弥粉法施药技术是利用精量电动弥粉机将利用现代农药工艺加工的新型微粉剂施用到田间的技术，主要用于防治各类设施高湿病害（图4-33）。

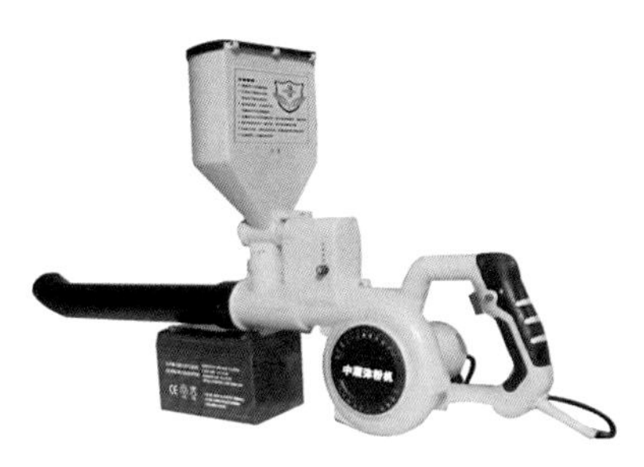

手持式精量电动弥粉机

施药后药剂在田间均匀扩散

轻松作业、省时省力

适用于各类棚型施药

图4-33　弥粉机的操作流程

（2）研制弥粉法施药技术的原因。设施栽培蔬菜，由于其环境密闭，导致棚室内湿度过大，而病害的发生往往喜欢高湿的环境，湿度控制不好常常导致病害的暴发。现在普遍采用的喷雾法不仅劳动强度大、费工费时，还会人为地增加棚室内湿度，导致病害控制不住，越防越重，形成恶性循环，特别是阴雨天极易造成病害的迅速流行。弥粉法施药技术施药过程不用水，可以全面解决高湿病害带来的困扰。

(3) 弥粉法施药的优点。

①弥散均匀，整体覆盖，杀菌无死角。微粉剂喷出后，携带大量静电的微粉颗粒在空气中做布朗运动，增加了空气中的悬浮性，确保了微粉颗粒在空间内的均匀分布，整棚杀菌无死角。

②施药不受天气限制。弥粉法施药全程不用水，既适用于常规天气预防用药，同时连阴天无法进行水雾作业时也可以进行弥粉法施药，有效解决阴雨天带来的高湿病害问题。

③操作方便，精确控粉，省工省时。手持式精量电动弥粉机，轻便小巧，可以实现单手轻松操作。每亩地喷粉量为25 ～ 100克，可精确控制出粉量，实现微量粉粒的全田均匀扩散。单棚作业时间为3 ～ 5分钟。

④常温施药，降低药剂损失。弥粉法施药全程采用物理施药工艺，施药过程无温度变化，避免了温度变化带来的药剂损失。

(4) 弥粉法施药的适用性。弥粉法施药技术适用于日光温室、塑料大棚、连栋拱棚、小拱棚等各类设施条件。

(5) 弥粉法施药的注意事项。

①施药前关闭风口。微粉颗粒比较细小，容易通过风口向外扩散，因此施药前需要完全关闭风口。

②倒退施药。施药开始后从温室最内侧开始施药，边打边倒退，施药结束后关闭温室门。

③对空施药。施药时喷头对准植株上方空间，微粉悬浮在空中3 ～ 4小时后可以均匀沉降吸附到植株的各个部位。

④弥粉法施药后，需要等棚内微粉颗粒完全沉降后才能进入棚内进行农事操作。

⑤操作时应遵守农药安全操作规程，要求穿长袖工作服，佩戴风镜、口罩及防护帽，工作结束后必须清洗手脸及其他裸露体肤，工作服也应清洗后备用。

92. 怎样利用昆虫病原线虫防治地下害虫？

（1）昆虫病原线虫。昆虫病原线虫是国际上一种公认的新型生物天敌。与其他杀虫剂相比，这类线虫具有以下特点：寄主广泛，对地下和钻蛀性害虫防治效果好，对人、畜、植物及有益生物安全等。在欧美发达国家的生物农药市场中，昆虫病原线虫的市场销售额排生物杀虫剂第二位。在我国，昆虫病原线虫已经实现商业化，并应用于防治多种农林、草地、花卉及卫生害虫等，防治效果均达到85%以上。

（2）昆虫病原线虫防治地下害虫的防治机理。昆虫病原线虫可以通过害虫的口腔、体壁或肛门进入害虫体内，进入害虫体内后昆虫病原线虫释放出共生菌，共生菌分泌毒素破坏昆虫生理防御机能，使昆虫患败血症在24～48小时内死亡。同时，昆虫病原线虫和共生菌共同消耗害虫体内的营养物质进行自身繁殖，直至害虫的营养物质消耗完毕，感染期幼虫爬出虫体（图4-34），继续寻找寄主昆虫，进而形成昆虫病原线虫的可持续性防治。

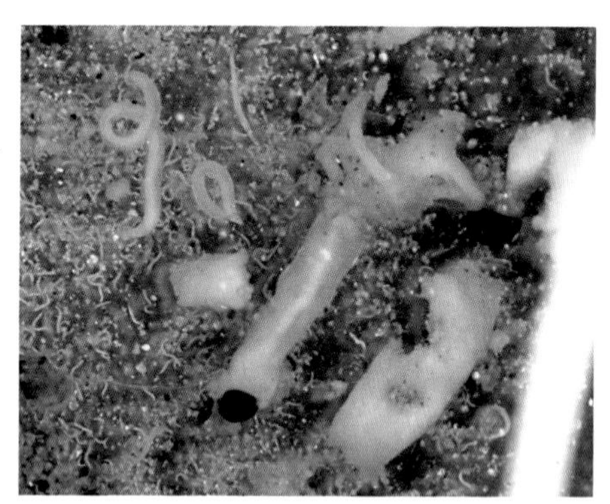

图4-34　显微镜下昆虫病原线虫侵染的韭蛆

（3）利用昆虫病原线虫防治地下害虫的优点。

①防治效果高且防治持效期长。昆虫病原线虫作为害虫的生物天敌，可以寄生致死害虫并利用害虫的营养成分进行自我繁殖，繁殖的后代可继续搜寻杀灭害虫，只要环境适宜，可以在土壤中存活数月，常年应用昆虫病原线虫防治地下害虫和钻蛀性害虫效果可达90%。

②使用方便。与常规化学农药的使用方法相同，可用喷雾器喷施或随水灌溉（图4-35）。

③安全无害。昆虫病原线虫只对昆虫纲的害虫有致死效果，对人、畜、农作物、环境安全无害，无任何农药残留，在欧美国家豁

图4-35　昆虫病原线虫田间应用——随水冲施（左）、喷雾器喷施（右）

免注册使用。

④主动搜寻。昆虫病原线虫是一种活的天敌，可以根据地下害虫和钻蛀性害虫的气味主动搜寻致死害虫（通常2～7天）。

93. 设施利用吸引和趋避生物有什么好处？要注意哪些问题？

（1）设施利用吸收和趋避生物的好处。利用各种生物在自然界自身的特性，比如植物与植物之间的吸引和趋避作用，为特定蔬菜的生长提供有益昆虫的生长环境，以及趋避有害昆虫，从而达到提高蔬菜产量和品质的目的。

目前，在设施农业中常用的有吸引作用的生物主要为一些蜜源植物，比如虞美人和车轴草等，有利于保持种植区域生物多样性、美化田边环境、抑制杂草生长，更重要的是可以为缨小蜂、蜘蛛、赤眼蜂等提供生息繁衍的场所，从而为利用自然天敌控制蔬菜虫害提供了可能性；趋避植物主要是自身能够产生对害虫起到趋避作用的化学物质的植物，比如香茅草、鱼腥草、薄荷等，目的是使害虫远离植物种植区域，从而降低田间虫口密度。

以香茅草作为趋避植物防治黄曲条跳甲为例，将香茅草和蔬菜同时在温室内进行育苗，20天左右一起进行移栽；移栽时，每4行蔬菜种1行香茅草；对田块中的蔬菜和香茅草均按正常的肥水管理，当香茅草长至茂盛期时，可进行修剪控制，更有利于趋避黄曲条跳甲。此种方法适用的蔬菜包括白菜、甘蓝、芥菜、花椰菜、萝卜等十字花科蔬菜，害虫控制效果在60%～70%，可实现减少使用化学农药、安全生产蔬菜以及节省人工成本的目的，同时吸引和趋避植物本身也能产生一定的经济价值（图4-36）。

（2）注意事项。可供栽培的蜜源植物和趋避植物有很多，在选择蜜源植物和趋避植物的时候，一定要结合所要种植蔬菜的种类、生育期、虫害发生种类、种植成本等要素，以及设施农业的具体特点，选取合适的蜜源植物和趋避植物，以免影响主产蔬菜的正常生长。种植方式一般以间作或套作为主，间隔距离一般以1～10米为宜。同时，还需要注意蜜源植物和趋避植物的日常养护，注意肥水管理与设施蔬菜的区别。例如，虞美人是一年生草本植物，播种期3—4月或9—11月，花期6—7月或翌年5—6月，株行距一般以30厘米×30厘米为宜，幼苗生长期浇水不可过多，但需保持土壤湿润，花前追施2次稀薄液肥，花期应及时剪去开败的花朵，使余花开得更好。

目前，较适合种植的蜜源植物有矮向日葵、虞美人、车轴草等，趋避植物主要有香茅草、百日菊和柳叶马鞭草等（图4-37、图4-38）。

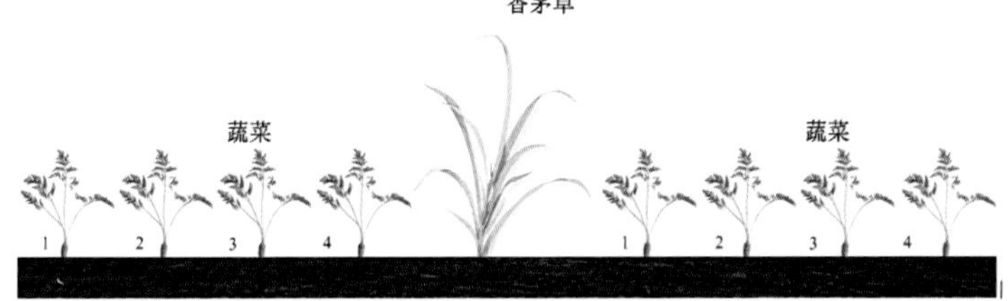

图4-36　香茅草作为趋避植物与蔬菜间作

图4-37　蜜源植物——虞美人

图4-38　趋避植物——香茅草

94. 设施蔬菜生产怎样预防风灾？

首先，注意收看天气预报，早做防范。大风来临前要检查棚架是否坚固、压膜线是否紧固、棚膜是否完好等。对于老旧温室或骨架已变形的温室，要采取支立柱的方式加固，将压膜线固定牢靠，及时修补开口、破损或鼓包的棚膜。刮大风时关闭放风口，防止风从放风口刮入棚内，撕坏棚膜。对于风口无法关闭的温室，可将棉被放下，覆盖住风口，起到防风减损的作用。另外，注意在大风天气时要随时进行棚室检查，检查棚室及周围防火安全性，防止大风天气引起火灾，并注意人身安全（图4-39）。

图4-39　棚膜存在开口被大风损坏

其次，要加强田间生产管理。一是控制棚室湿度，大风天气需要暂时关闭风口，为防止棚室湿度过大，尽量减少浇水或不浇水；地表地膜破损处及时补盖。二是加强保温，及时增温，使用多层覆盖技术，做好温室内外保温工作；提前准备好火炉、增温块、移动式热风炉或补光灯等增温补光物品，当棚内温度降至蔬菜要求的最低温度时，采取增温措施，对于自动加热风机，可于22：00和2：00分别启动1 ~ 1.5小时；也可采用“温室热宝”应急增温块，每亩地用量10块，于1：00左右点燃。三是注意光照管理，为了提高散射光的透过率，大风过后要及时清洁棚膜。四是加强水肥管理，大风低温天气特别要注意提高蔬菜自身的抗逆能力，可叶面喷施磷酸二氢钾及氨基酸、腐殖酸或者海藻酸等植物刺激素。

95. 如何防止低温寡照天气对大棚蔬菜造成危害？

低温寡照天气，是北方冬春季频繁出现的灾害性天气，长时间受到低温寡照天气的影响，容易造成蔬菜秧苗生长缓慢、长势较弱，需及时采取相应措施：

一是增加补光，及时用抹布擦棚膜上的雾滴灰尘，保证棚膜的透光性；有条件的蔬菜生产基地可采取在地面铺设反光地膜、用LED植物生长灯或钠灯等人工补光措施，增加温室大棚光照；阴天也要在日出后揭开草苫或棉被，靠太阳散射光增加棚内温度（图4-40）。

图4-40　低温寡照天气补光灯补光

二是降低温室内湿度，及时通风，通风时间最好是在清晨棚内湿度最大时，或中午前后外部空气湿度最小且温度较高时进行；同时，温室内使用静电除雾装置和热风机，减少空气湿度，降低病害发生率；还可以在棚内地面撒施干燥草炭、炉灰渣、炭化稻壳、稻壳、稻秸秆或锯末等，以阻止土壤中的水分蒸发，并吸收空气中的水分。

三是加强增温保温，及时在温室内安装二道幕、小拱棚等多层、多方式覆盖保温（图4-41、图4-42），并采取加温措施提高温度，如利用浴霸灯、电暖气、自动加热风机、应急增温燃料块等。

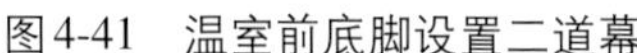

图4-41 温室前底脚设置二道幕

图4-42 棚中棚保温

四是合理水肥管理，减少氮肥的施用，适量增施磷钾肥、生物肥、腐熟有机肥等，以利于提高蔬菜的抗寒性，减少有害气体的排放。

五是减轻植株生长负担，及时摘除老叶病叶、疏除畸形果，对于即将达到采收标准的果实要及早采收。

六是注意病虫害防治，建议每7天用药剂防病1次，尽量不使用水剂，以防增大室内湿度，以烟雾剂或粉尘剂进行病害防治为宜。

七是加强晴天后管理，一旦天气骤晴，应在光照强度高的时候放下棉被或使用遮阳网，防止强光照造成闪苗。温度控制要较正常管理低3～4℃，同时中午放0.5～1.0小时的小风排湿，从第2天起逐渐提高室内温度，加大通风，3～4天后转入正常管理。

96. 什么方法可以减少暴雨造成的蔬菜生产损失?

在暴雨来临前，应因地制宜做好以下五个方面的工作以降低灾害对设施蔬菜生产的影响：一是每天关注天气预报并及时采收可上市蔬菜，预防和减少损失。二是对老旧温室、塑料大棚与可能存在风险的设施及时进行加固维修，避免暴雨损坏设施结构，造成设施垮塌；同时，可在风口处安装防护网，以免风口处积水形成水包，压毁棚膜；棚膜若出现积水现象，需用包有软布的竹竿尽快清除积水。三是关闭或拆除危险区域的电力设施，防止发生火灾、人员伤亡事故。四是加强清沟理沟工作，确保排水沟系畅通，保障园区内部、外部及生产单元周边排水良好，随时应对暴雨的袭击。五是在生产设施的入口、前屋面或四周修筑高台防止外部雨水倒灌，并及时固定棚膜、棉被及风口等的绳索，在大风、暴雨来临前及时关闭风口等（图4-43、图4-44）。

图4-43　清理风口处积水

图4-44　保持排水口通畅

在灾害发生后，广大菜农应积极开展自救，尽快恢复生产，降低损失，具体可采取以下措施：

①及时抢救受灾秧苗，保障快速恢复生产用苗。针对育苗场地出现积水、棚室漏雨、苗床被雨水冲刷的菜苗：一是及时排水或转移秧苗，减少浸泡时间。采用畦播育苗的育苗基地（农户），发现棚室积水，要及时排水；采用穴盘集约化育苗方式的育苗基地（农户），可把穴盘及时转移到安全棚室。二是采取分苗措施，提高菜苗成活率。育苗基地（农户），积水排出后，尽快采取分苗措施，改善菜苗生长环境。三是遮阳降温，控制缓苗过程。积水后菜苗根系受损严重，同时，雨后乍晴，阳光充足，应采取遮阳降温，控制缓苗过程，一般缓苗时间为3 ~ 5天。四是针对受灾严重的生产基地和农

户，需重新育苗，要及时排水、晾地，进行土壤、棚室、器具等消毒处理，同时，采用变温处理催芽等技术，缩短育苗时间；有条件的可采用穴盘基质育苗，缩短苗期，同时避免土传、气传病害。

②及时抢收受灾蔬菜，最大化降低损失。对受灾较重的菜地，应组织力量在确保安全的前提下尽快抢收尚未完全浸死的蔬菜，把损失降到最低点。

③加强田间管理，复壮植株、保产稳产。及时清除蔬菜基地、园区等灾害后田间残留的杂物，对倒伏的植株要及时扶苗固定，对于已经感病的植株及时清出田园。做好清沟排渍工作，做到雨住田干、沟内无明水。同时，尽快采取以下措施：一是浇少量的井水，降低地温并补充根系氧气，但不能积水；二是及时进行中耕松土，增加土壤通透性；三是遮阳降温，减少地上部蒸腾，防止萎蔫，促进根系快速恢复；四是少量追肥并配合叶面肥喷施，增施优质微生物菌剂，抑制根腐、茎基腐、青枯、立枯等土传病害引起的死棵烂苗等，促进菜苗快速恢复生长；五是及时查苗补苗（图4-45）。

图4-45　排除积水，扶苗固苗

④做好灾后消毒防疫，避免病虫害再次危害。暴雨过后，容易造成植株机械损伤，雨后高温，易被病菌感染，造成多种病害流行，如叶菜类蔬菜软腐病、黑腐病，瓜果类蔬菜早疫病、叶霉病、灰霉病，茄果类蔬菜土传性青枯病、疫病及根结线虫病等的发生。因此，在暴雨过后，应及时清除受害、受损严重植株，并及时采用药剂进行病虫害预防；另外，对于生产恢复后的菜田，要做好土壤、棚室等消毒工作，加强防治，及时采取各种措施，防止病虫害流行蔓延，农药宜选用高效低毒及具有广谱性杀灭作用的药剂。

97. 冰雹来袭应如何防灾减损？

冰雹灾害通常出现在春夏季节，且伴有强雷电、大风等现象，进行农业生产应每天查看天气预报，了解气象信息，提前做好防灾措施：一是冰雹来临前对陈旧温室、塑料大棚等生产设施进行维修加固，压紧棚膜线，固定卷帘机和棉被，修补破损棚膜。二是在塑料大棚、温室棚膜上覆盖防虫网、遮阳网等韧性好、不吸水的覆盖物，若使覆盖物与棚膜保持一定距离，可减轻冰雹对棚膜的冲击，能够避免棚膜被冰雹砸破；切记覆盖物一定拉紧固定，以免冰雹天气伴有大风将温室掀翻，造成不必要的损失（图4-46）。三是将达到采收标准的蔬菜瓜果尽快采收，尽量减少损失；对于叶菜类蔬菜或育苗棚，可在温室内搭建应急二道幕或小拱棚，减少冰雹对作物的影响（图4-47）。四是关闭或拆除危险区域的电力设施，防止在灾害天气时出现火灾、人员伤亡事故。

图4-46　棚膜外覆遮阳网

图4-47　棚内二道幕防雹

雹灾过后，应加强灾后蔬菜管理，为减少损失，要尽快恢复生产，主要采取以下措施：一是维修受损设施，加固棚架和墙体，修补或更换破损棚膜，清理排水沟。二是对于进水的设施及时排水，降低温室内湿度。三是清理田园，去除受损残叶和砸伤的果实；对于受损较轻的植株进行株形调整，使其快速恢复生长。四是注意病虫害防治，喷施药剂加强预防，常用药剂有加瑞农400倍液+阿米妙收1 500倍液、47%春雷王铜400倍液+32.5%嘧菌酯·苯醚甲环唑悬浮剂

1 500倍液或60%吡唑醚菌酯·代森联水分散粒剂800倍，喷施受损植株和封杀地面，防止病害蔓延。五是针对受损较重的棚室，应及时清园消毒，调运应急储备秧苗，准备下茬作物生产，降低损失。

98. 暴雪天气对设施蔬菜生产有哪些危害？是否可以避免？

入冬以后，要及时关注天气预报，如遇降温大雪天气，之前应及时采取以下预防性措施：

一是棚室加固、严防积雪压塌。根据预报在灾害来临前要检查塑料薄膜的固定情况，压膜线或压杆必须固定牢靠。对于老旧温室或骨架已变形的温室，要采取支立柱的方式加固，以免积雪压塌温室（图4-48）；对于塑料大棚中的叶菜类蔬菜尽快收获并撤除棚膜，对于不能撤除棚膜的，要对大棚骨架进行加固。

二是加强棚室保温透光性能。经常清扫棚膜表面，增加透光率；选用无滴薄膜扣棚，增加棚内的光照强度，提高棚温。悬挂镀铝膜反光幕，可增光照提地温。增设二道幕和小拱棚（图4-49），地面覆盖稻草和秸秆。

图4-48　暴雪将塑料大棚压塌

图4-49　应用二道幕和小拱棚

三是降低管理温度，实行低温炼苗，提高蔬菜抗寒能力。控制好棚内的温度，晴天时要避免棚内温度过高，特别是当棚内温度过高时，放风要缓，避免棚温骤然大起大落。

四是在连阴雨雪低温天气来临时，对长势较弱或结果较多的植株，及时采收，并适量疏花疏果。

五是提前准备好草苫、棉被等保温物品及火炉、增温块、移动式热风炉或补光灯等增温补光物品。

在灾害发生后，要积极开展自救，尽快恢复生产，降低损失，具体可采取以下措施：

一是及时清扫，大雪时应采取边降雪、边清除，尤其要加强夜间除雪，避免积雪过厚、设施坍塌而造成损失（图4-50）；做好外保温覆盖物管理，白天一定要卷起保温被/草苫，以增加棚内散射光照，并用塑料布覆盖，防止雨雪将外保温覆盖物浸湿；夜间覆盖保温被/草苫后，再加盖一层防雨/雪膜。

二是防控棚室湿度过大。尽量减少浇水或不浇水；上午揭开棉被后，打开风口放风，降低棚内湿度，但要根据外界温度调整放风时间；地表地膜破损处及时补盖。有条件的安装静电除雾设备，以降低棚室湿度（图4-51）。

图4-50　清除设施上积雪

图4-51　静电除雾

三是当棚内温度降至蔬菜要求的最低温度时，采取增温措施。检查保温被或草苫的搭茬处是否贴合紧密；采取加温措施提高温度，同时可降低棚室相对湿度。临时增加炉火、电热设备等，对于自动加热风机，可于22：00和2：00分别启动1～1.5小时（图4-52）；也可采用“温室热宝”应急增温块，每亩地用量10块，于1：00左右点燃。

四是提高棚室内光照，保证植株正常生长。为了提高散射光的透过率，每日或间隔2～3日，以长拖布擦拭棚膜来保持棚膜的清洁；尽量安装补光灯具，如浴霸、植物生长灯等（图4-53）。

图4-52 加暖风机

图4-53 LED植物补光灯

五是进行植株调整，减轻植株生长负担。由于近期无光照，植株受到抑制，生长势较弱，主要表现为叶片黄化、变薄，为了减轻植株生长负担，要及时摘除老叶病叶、疏除畸形果，对于即将达到采收标准的果实要及早采收。

六是喷施抗冻药剂，提高蔬菜抗寒性，遭受冻害的，及时补救。剪除枯枝，人工喷水。

七是加强晴后管理，天气放晴后，管理上以低温度、少光照为主，逐步增加光照和温度；通过草苫或保温被半卷的方式防止天气骤晴对植株的影响，发现植株萎蔫要及时放下保温被/草苫；并且不要立即进行浇水追肥，可暂缓1 ～ 2日；可结合药剂防治病虫害，喷施叶面肥补充植株营养。

99. 设施蔬菜生产如何预防火灾的发生？

一是保持设施内整洁，不堆放杂物。温室、大棚内用过的地膜、基质袋、农药包装、植株残体等应及时清理，并分类投放于不同垃圾处理箱；设施周边及时清理落叶、枯枝、杂草，避免火灾发生。

二是规范温室用电，合理应用需电设备。设施内用电，要严格按照电路施工标准，尽量不在温室内私自接线，电闸处要安装漏电保护；浴霸灯、加热风机等使用时，不仅要注意用电功率，还需确定与温室棚膜间的安全距离，如浴霸灯距离棚膜要大于1米，加热风机最好安装在温室后墙处，远离塑料棚膜、地膜等；在使用地热线育苗时，不用破损电线，并安装温控开关，穴盘与地热线之间需用基质土隔开，防止电线破损引起火灾；雷雨、大风天气，要切断电源。

三是规范温室管理，不使用明火。进入设施人员禁止吸烟，不携带易燃易爆品，不在大棚内起明火。

四是提高菜农的消防意识，自主成立消防小队。在防火关键时期，宣传消防知识，提高种植户防火意识；设施集中地应设有消防站，备齐灭火器、铁锹、水桶、水枪等设备，一旦发生火灾，即可迅速将消防设备运到现场组织火灾扑救，为扑救火灾提供基本的物资保障。

五是注意人身财产安全，量力而为。

100. 通过蔬菜保险转移自然灾害风险是否必要？

蔬菜保险是指对以种植在大棚或露地的蔬菜为保险标的物的险种的总称。按照风险保障类型，可将蔬菜保险分为蔬菜灾害保险、价格指数保险、收入保险和技术保障类农业保险等4类。蔬菜灾害保险在自然灾害发生时，主要保障生产经营者的种植成本损失。

通过购买蔬菜保险的方式转移自然灾害风险是有必要的。一是通过购买蔬菜保险可以有效地化解生产风险。蔬菜生产往往面临着较大的自然灾害风险，如早春的冻害、夏季的暴雨和冰雹、秋季的暴风、冬季的霜冻等，此类灾害性天气往往无法通过技术手段有效解决，而灾害的发生往往造成蔬菜的大面积减产甚至绝产，对蔬菜生产造成毁灭性打击。二是通过购买蔬菜保险，可以有效提高农业生产资金杠杆。目前的蔬菜保险往往配套有大比例的财政保费补贴，菜农的保费负担不高，购买蔬菜保险可以有效地通过小规模资金投入确保正常的收入、利润水平。三是通过购买蔬菜保险，可以有效增强菜农生产信心。当菜农须引入新型农业技术时，往往面临着“不把准、不放心”的为难情绪，通过购买蔬菜保险将自然灾害风险转移到保险公司，能够有效增强菜农信心，大胆尝试新型农业技术，提高生产技术水平提高。